Inhaltsverzeichnis

Oberthema A

Oberthema B

Oberthema C

Oberthema D

Oberthema E

Abschlussarbeit

In diesem Heft findest du,...

- zu jedem Thema drei verschiedene Klassenarbeiten
- mit steigendem Schwierigkeitsgrad   
- Zeitvorgaben zur Bearbeitung 
- alle Aufgaben mit Punktzahl $^{4}/_{5}$ Punkte
- alle Lösungen mit Punkteverteilung 1,5 Punkte je Aufgabenteil
- ein einheitliches Benotungssystem

Punkte	30	29	28	27	26	25	24	23	22	21	20	19
Note	+	1	-	+	2		-	+	3		-	+

Wie du mit dem Heft arbeitest:

1. Passende Klassenarbeit heraustrennen. Starte ruhig mit einer leichten!
2. Nur dein Schreibzeug und Papier zur Bearbeitung auf dem Tisch!
3. Bearbeitungszeit starten und Prüfungssituation nachstellen!
4. Nach Ablauf der Zeit kurze Pause, dann Lösungen vergleichen und verstehen.
5. Bewerte deine Ergebnisse ehrlich und notiere die Punkte!
6. Gesamtpunktzahl und Note feststellen.

- Überlege, worin du dich noch verbessern kannst!
- Rechne die Arbeit etwas später nochmal! Hast du dich verbessert?

5 Tipps für eine bessere Note

Tipp 1:

Unsere Hefte ;-) – gehe vor der Klassenarbeit die Themen und Aufgaben aus dem Unterricht durch und versuche sie zu verstehen. Wo hattest du Schwierigkeiten? Wenn du dich gut vorbereitet fühlst, versetze dich in die Prüfungssituation: Rechne eine Klassenarbeit mit Start- und Endzeit. Lass dich währenddessen nicht ablenken, dann bekommst du ein Gefühl dafür, wo du dich vom Lernstand befindest.

Tipp 2:

Schreib' in der Schule immer sorgfältig mit. Die Aufgabentypen, die deine Lehrerin oder dein Lehrer an die Tafel schreiben, kommen oftmals in der Klassenarbeit vor. Außerdem lässt sich mit ordentlichen Unterlagen natürlich auch besser lernen.

Tipp 3:

Du lernst nicht gerne mit dicken Büchern? Bei YouTube findest du super Lernvideos für Mathe. Schau' Sie dir ganz entspannt auf dem Sofa an. Dabei ist es auch sehr wichtig, dass du selbst versuchst, Aufgaben zu lösen und mit deinen Worten die Rechenschritte zu beschreiben.

Tipp 4:

Denke daran, dass die Zensur auf deinem Zeugnis am Ende auch aus deiner mündlichen Note besteht. Beteilige dich durch Meldungen, Hausaufgaben und sonstige Mitarbeit am Unterricht, so wird sich nicht nur deine Note, sondern auch dein Verständnis verbessern. Also nutze die Stunden doch sinnvoll, die du sowieso in der Schule „absitzen" musst ;-)

Tipp 5:

Versuch' nach einer Unterrichtsstunde, deine Lehrkraft in Ruhe zu fragen, wie sie deine Mitarbeit aus der Stunde einschätzt. Frag' auch konkret, welche Dinge du besser machen könntest. Dadurch bekommst nicht nur du eine Rückmeldung, sondern auch die Lehrkraft den Eindruck, dass du dich bemühen möchtest!

Klasse 10 - Oberthema A

Wahrscheinlichkeiten

Aufgabe 1 /6 Punkte

Conrad und Christian stehen mit ihrer Fußballmannschaft im Landespokalfinale. Im Elfmeterschießen plant ihr Trainer Herr Kombinator die Schützen und die Reihenfolge. Alle elf Spieler können antreten.

a) Wie viele Möglichkeiten hat der Trainer, 5 Schützen auszuwählen und in eine Reihenfolge zu bringen?

b) Wie viele Möglichkeiten hat der Trainer, 5 Schützen auszuwählen und in eine Reihenfolge zu bringen, wenn er die 4 Abwehrspieler nicht schießen lassen möchte?

c) Wie viele Möglichkeiten hat der Trainer, 5 Schützen auszuwählen und in eine Reihenfolge zu bringen, wenn Conrad anfangen und Christian den letzten Schuss abgeben soll?

d) Wie viele Möglichkeiten hat der Trainer, 5 Schützen auszuwählen und in eine Reihenfolge zu bringen, wenn die beiden Stürmer nacheinander schießen sollen?

Aufgabe 2 /8,5 Punkte

Vincent plant mit seiner Klasse die Abschlussfahrt im Sommer. Am Ende steht neben Rom noch Kroatien zur Wahl. Der Tabelle kannst du einige der Abstimmungsergebnisse entnehmen:

	Rom	Kroatien	Gesamt
männlich	4		
weiblich			16
Gesamt	15		34

a) Bestimme die fehlenden Werte der Tabelle.

b) Wandle die absoluten Werte in die relativen Wahrscheinlichkeiten um.

c) Wie groß ist die Wahrscheinlichkeit, dass eine zufällig befragte Person weiblich ist und für Kroatien gestimmt hat?

d) Eine der männlichen Personen wird von Vincent gefragt, wofür sie gestimmt hat. Wie groß ist die Wahrscheinlichkeit, dass der Mitschüler für Rom gestimmt hat?

e) Vincent betrachtet eine abgegebene Stimme für Kroatien. Wie groß ist die Wahrscheinlichkeit, dass diese von einer männlichen Person stammt?

Aufgabe 3 /10 Punkte

Vicky trainiert ihre Freiwürfe beim Basketball. Pro Einheit wird 10-mal geworfen. Vickys Wahrscheinlichkeit, den Korb zu treffen, beträgt 50%.

a) Zeichne das Pascal'sche Dreieck für die ersten 5 Würfe der Einheit.

Vicky trifft beim Warmwerfen einen von vier Würfen

b) Wie viele Pfade führen zu diesem Sachverhalt? Markiere diese.

c) Berechne anschließend die Wahrscheinlichkeit für den angegebenen Sachverhalt.

Vicky führt nun nacheinander drei Einheiten mit je 10 Würfen durch und trifft dabei insgesamt 12 Mal den Korb.

d) Berechne ohne Zuhilfenahme des Pascal'schen Dreiecks die Wahrscheinlichkeit für den gegebenen Fall.

Nachdem Vicky ihre dritte Trainingseinheit beendet hat, beginnt Anna mit ihren 3 Einheiten. Sie trifft 75% aller Würfe.

e) Berechne die Wahrscheinlichkeit, dass Anna bei 3 Trainingseinheiten genauso viele Körbe wirft, wie Vicky.

f) Wie hoch ist die Wahrscheinlichkeit, dass Anna während einer Trainingseinheit mindestens 8 Körbe trifft?

Aufgabe 4 /5,5 Punkte

Einer Umfrage zufolge wissen 82% der Schüler einer 9. Klasse noch nicht, was für einen Beruf sie später ausüben wollen. Von denjenigen, die bereits eine genauere Vorstellung haben, haben 89% ein Praktikum in der entsprechenden Branche absolviert. Des Weiteren ergab die Studie, dass 8% ein Praktikum absolviert haben und trotzdem keine Berufswahl treffen konnten.

a) Wie hoch ist die Wahrscheinlichkeit, dass bei der Befragung einer Person, diese bereits eine genauere Berufswahl getroffen und zuvor ein Praktikum absolviert hat?

b) Wie viel Prozent aller Befragten haben ein Praktikum absolviert?

c) Welche Aussage lässt sich über den Zusammenhang zwischen einem Praktikum und den Berufsvorstellungen treffen?

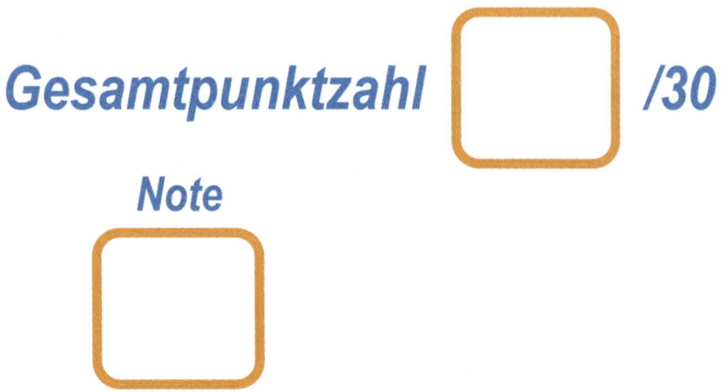

Punkte	30	29	28	27	26	25	24	23	22	21	20	19	18	17	16	15	14	13	12	11	10	9	8
Note	+	1	-	+	2		-	+	3		-	+		4		-	+		5			-	6

Klasse 10 - Oberthema A

Wahrscheinlichkeiten

Klassenarbeit 2

60 min

Aufgabe 1 /3 Punkte

Anna und Vicky planen einen Mädels-Abend. Sie überlegen, ihre Lieblingsserie zu gucken. Diese hat insgesamt 4 Staffeln à 8 Folgen.

a) Wie viele Möglichkeiten haben die beiden, um 6 zufällige Folgen auszuwählen?

b) Wie viele Möglichkeiten sind es, wenn sie keine Folgen der letzten zwei Staffeln gucken wollen?

c) Wie viele Möglichkeiten gibt es, 5 zufällige Folgen der ersten Staffel zu gucken und als letzte Folge das Staffelfinale der vierten Staffel?

Aufgabe 2 /6 Punkte

Von 117 befragten Personen gaben 57 an, dass sie sich selbst als sportlich einschätzen würden und 43, dass sie sich ungesund ernähren würden. Außerdem ernähren sich 12 Personen ungesund, diese sind aber dennoch sportliche Personen.

	sportlich	unsportlich	Gesamt
Gesunde Ernährung			
Ungesunde Ernährung			
Gesamt			

a) Fülle die Vierfeldertafel mit den Informationen aus dem gegebenen Sachverhalt aus.

b) Wie groß ist die Wahrscheinlichkeit, dass sich eine der sportlichen Personen gesund ernährt?

c) Wie groß ist die Wahrscheinlichkeit, dass eine sich ungesund ernährende Person unsportlich ist?

d) Wie hoch ist die Wahrscheinlichkeit, dass eine Person unsportlich ist, wenn sie sich gesund ernährt?

Aufgabe 3 /7,5 Punkte

Irina und Vicky gehen mit 7 weiteren Freunden in einem Restaurant essen. Auf der Speisekarte befinden sich insgesamt 27 verschiedene Gerichte, wovon 5 Vorspeisen, 12 Fleischgerichte, 8 vegetarische Gerichte, sowie 2 unterschiedliche Nachspeisen sind. Beim Kellner gibt jeder genau eine zufällige Bestellung auf.

a) Wie groß ist die Wahrscheinlichkeit, dass mindestens 6 Personen ein Fleischgericht wählen?

b) Wie groß ist die Wahrscheinlichkeit, dass höchstens 3 Personen ein vegetarisches Gericht wählen?

c) Für die ersten zwei Bestellungen werden zufällig Vorspeisen gewählt. Danach sollen maximal zwei weitere Vorspeisen hinzukommen. Wie hoch ist die Wahrscheinlichkeit der gesamten Abfolge?

Aufgabe 4 /7 Punkte

Gegeben sei der Term $(x+y)^{72}$. Bearbeite die folgenden Teilaufgaben ohne Ausmultiplizieren:

a) Stelle die ersten 5 Stufen des Pascal'schen Dreiecks dieser binomischen Formel dar.

b) Bestimme die Antworten auf die folgenden Fragen ohne weitere Berechnung:

1. Wie viele Summanden enthalten keinen Faktor x? Notiere die entsprechenden Summanden.
2. Wie viele Summanden enthalten genau den Faktor y^{71}? Notiere die entsprechenden Summanden mit dem zugehörigen Koeffizienten.
3. Aus wie vielen unterschiedlichen Summanden besteht die ausmultiplizierte binomische Formel?
4. Was würde sich ändern, wenn der Term nun $(x-y)^{72}$ wäre?

c) Nimm nun, an der Term lautet $(3x+2y)^4$. Löse diesen auf, so weit es geht.

Aufgabe 5 /6,5 Punkte

In Deutschland lebten 2017 ca. 81 Millionen Menschen. Von diesen sind derzeitig 85.000 Menschen an HIV erkrankt. Ein HIV-Test ist die die einzige Möglichkeit, um eine genaue Aussage über eine mögliche Ansteckung mit dem Virus treffen zu können. Ein neu entwickelter spezieller HIV-Test verspricht, dass ein tatsächlich infizierter Mensch mit einer Wahrscheinlichkeit von 97,5% als positiv getestet wird. Mit dem neuen Test sinkt außerdem die Wahrscheinlichkeit, dass ein nicht infizierter Mensch positiv getestet wird auf 0,3%.

a) Erstelle ein Baumdiagramm für den Sachverhalt *„Infiziert/Nicht Infiziert--Test positiv/negativ"* mit all seinen Wahrscheinlichkeiten.

b) Wie hoch ist die Wahrscheinlichkeit, sich infiziert zu haben und dann als positiv getestet zu werden?

c) Wie hoch ist die Wahrscheinlichkeit, dass unter allen negativ getesteten Personen, eine Person trotzdem mit HIV infiziert ist?

Gesamtpunktzahl /30

Note

Punkte	30	29	28	27	26	25	24	23	22	21	20	19	18	17	16	15	14	13	12	11	10	9	8
Note	+	1	-	+	2		-	+	3		-	+		4		-	+		5			-	6

Aufgabe 1 /8,5 Punkte

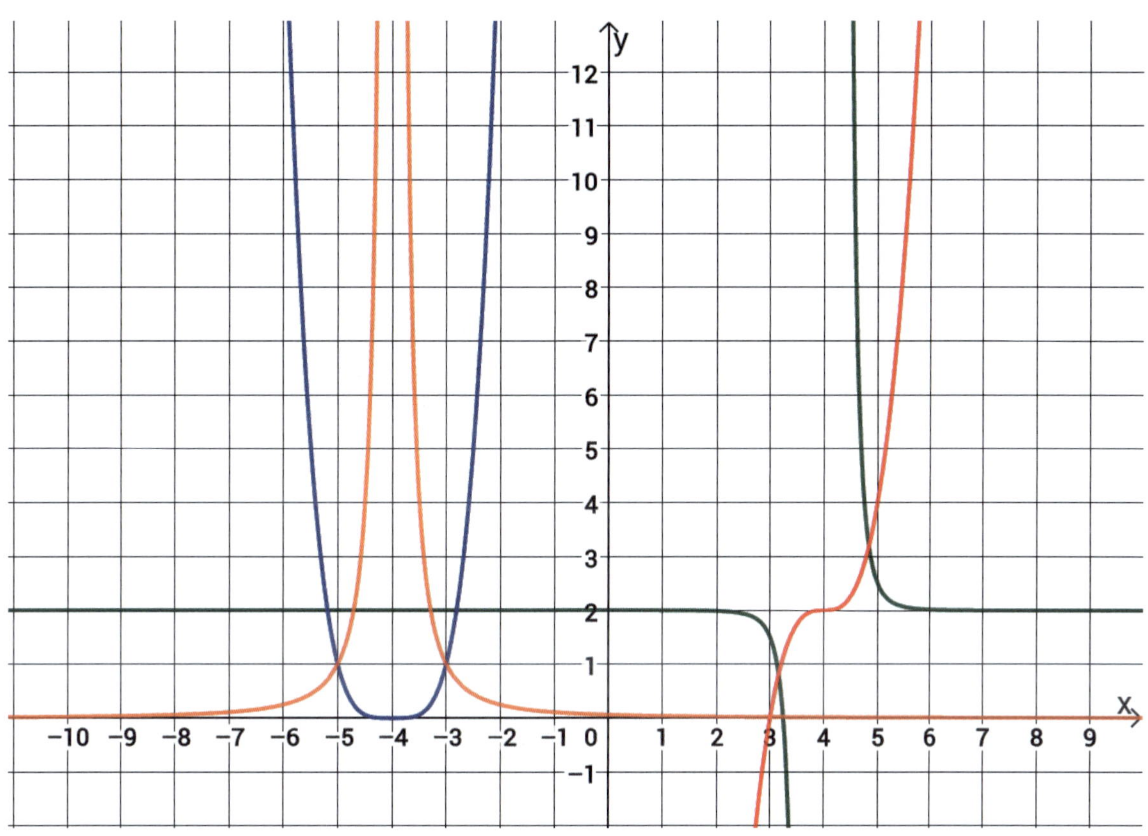

a) Ordne die Funktionsgleichungen den jeweiligen Graphen zu. Beachte dabei, dass es sich um verschiedene Funktionsarten handeln kann.

Funktion 1:	$f_1(x) = (x+4)^{-2}$
Funktion 2:	$f_2(x) = 2(x-4)^3 + 2$
Funktion 3:	$f_3(x) = (x+4)^4$
Funktion 4:	$f_4(x) = 0{,}5(x-4)^{-5} + 2$

b) Forme die Funktionsgleichungen in die Normalform (1) bzw. Scheitelpunktform (2) um.

1. $f(x) = -0{,}3(x-3)^2 + 13$

2. $g(x) = 4x^2 - 48x + 176$

Aufgabe 2 /3,5 Punkte

Kreuze die entsprechenden Eigenschaften der jeweiligen Funktionen an.

	Der Graph ist eine Hyperbel	Der Graph besitzt einen Wendepunkt	Der Graph ist punktsymmetrisch zum Ursprung	Der Graph besitzt eine Polstelle
$\mathbf{f}(\mathbf{x})=\mathbf{x}^{-4}$				
$\mathbf{f}(\mathbf{x})=\mathbf{x}^{3}$				
$\mathbf{f}(\mathbf{x})=\mathbf{x}^{-5}$				
$\mathbf{f}(\mathbf{x})=0,2(\mathbf{x}-3)^{6}$				

Aufgabe 3 /6 Punkte

Vereinfache die Terme und wandle sie jeweils in die andere Schreibweise um.

Aufgabenteil	**Potenzschreibweise**	**Wurzelschreibweise**
a)	$(3x^2)^3 \cdot x^{-\frac{2}{3}}$	
b)		$4\sqrt{x^2} \cdot \sqrt[x]{3^x} \cdot \sqrt[4]{\frac{1}{16}x}$
c)	$x^{-7} \cdot y^{\frac{1}{5}} \cdot x^5 \cdot \frac{1}{y^{-3}} \cdot \frac{x^{-2}}{x^{-9}}$	
d)		$\sqrt[3]{x^{12}} \cdot \sqrt{x} \cdot \sqrt[12]{x^5}$

Aufgabe 4 /6 Punkte

Die Punkte gehören zu den Funktionen. Berechne die fehlenden x-Koordinaten. Bedenke, dass möglicherweise auch mehrere Punkte mit der gegebenen y-Koordinate existieren können.

a) $f(x)=3x^3 \cdot \frac{1}{x}-2x-4,5\cdot\left(-\frac{20}{9}x+6\right)$ P $(?|-2,5)$

b) $f(x)=\left(x^{-7}\right)^{-3} \cdot \sqrt[5]{x^3} \cdot \sqrt{x^7}$ P $(?|1)$

c) $f(x)=3x^{-2}\cdot\left(4x^{10}+5x^{-2}\right)-15-15x^{-4}-12\left(x^{-2}\right)^{-4}-4+12x^5$ P $(?|22)$

Aufgabe 5 /6 Punkte

Anni schaut vom Berliner Fernsehturm nach unten und fragt sich, wie lange ein Stein wohl für den 368 Meter langen, freien Fall benötigt. Dies möchte sie mithilfe der Formel $s_1(t) = 5{,}26 \cdot t^2$ berechnen.

(s entspricht der gefallenen Strecke in m, t der Zeit in Sekunden)

a) Wie lange dauert der freie Fall vom Fernsehturm bis zum Boden?

Nimm nun an, dass die Formel aufgrund des Luftwiderstandes und anderer Einflüsse $s_2(t) = \left(\left(-\frac{103}{180}\right) \cdot 9\right) \cdot t^3 + \left(5.26t^2\right)^{1{,}5}$ entspricht.

b) Berechne unter den neuen Voraussetzungen die Falldauer.

c) Bestimme die Fallstrecke nach 6 Sekunden und skizziere für diesen Zeitraum den Funktionsgraph von s_2 in einem Koordinatensystem.

d) Max sagt zu Anni: „Für die Berechnung mit und ohne Luftwiderstand gilt, dass die Abweichung der Ergebnisse für alle Fallstrecken dieselbe bleibt." Überprüfe die Behauptung.

Gesamtpunktzahl /30

Note

Punkte	30	29	28	27	26	25	24	23	22	21	20	19	18	17	16	15	14	13	12	11	10	9	8
Note	+	1	-	+		2	-	+	3		-	+		4		-	+		5			-	6

Klasse 10 - Oberthema B

Potenzfunktionen

Klassenarbeit 2

60 min

Aufgabe 1 — /7,5 Punkte

a) Fasse zusammen und vereinfache die Terme so weit wie möglich.

1. $x^2 \cdot x^{-2} \cdot \frac{1}{x^2} \cdot \frac{1}{x^{-2}}$
2. $xy \cdot y^3 \cdot x^3 \cdot x^2 y^2 \cdot x^{-5} \cdot y^{\frac{2}{5}}$
3. $\left(t^{-4}\right)^2 \cdot \frac{a^{-5}}{a^{-2}} \cdot \sqrt[2]{t} \cdot \sqrt{t^2} \cdot \sqrt[2]{a^6}$

b) Vereinfache nun zuerst die Gleichungen so weit es geht und berechne anschließend die jeweilige Lösung.

1. $y^{-2} \cdot y^{16} \cdot \sqrt[4]{y} = 56$
2. $3x \cdot \left(-2x^{-2}\right) \cdot \frac{-12x^3}{4x^{-4}} = 16$
3. $\frac{x^{\frac{6}{4}} \cdot \frac{x^{-5}}{x^{-5}} \cdot \sqrt[2]{x^4}}{\sqrt[8]{x}} = 18{,}6$

Aufgabe 2 — /5,5 Punkte

Fasse zunächst zusammen und löse die Gleichungen anschließend mit der pq-Formel.

a) $24x^2 - \frac{5}{3} = 21x - 3\left(-6x^2 - x + \frac{4}{7}\right)$

b) $5x^{-2} \cdot \left(\frac{3}{x^{-4}} + 6\left(x^{-2}\right)^4\right) - \frac{5}{2} \cdot (13x + 6) = 6\left(\frac{2}{x^{-2}} + 5x^{-10}\right)$

Aufgabe 3 — /6,5 Punkte

Eine nach oben geöffnete Parabel sei der Normalparabel gegenüber um den Faktor 4 gestreckt. Ihr Scheitelpunkt soll bei $S(2|-3)$ liegen.

a) Zeichne den Graphen der vorliegenden Funktion.

b) Notiere die entsprechende Scheitelpunktform.

c) Wandle die Scheitelpunktform in die Normalform um.

d) Berechne den fehlenden Wert des Punktes $P(?|2{,}8)$.

e) Was muss geändert werden, damit die Parabel flacher wird und nach unten geöffnet ist?

Aufgabe 4 /4,5 Punkte

Gegeben seien die folgenden Funktionsgleichungen:

Funktion 1: $f(x) = -0{,}7(x-4)^2 + 9$

Funktion 2: $g(x) = \frac{5}{2}x^2 - 30x + 88$

a) Berechne die x-Werte, an denen sich die beiden Funktionen schneiden.

b) Wie viele Schnittpunkte haben zwei unterschiedliche Parabeln, die einen gemeinsamen Scheitelpunkt haben? Begründe.

Aufgabe 5 /6 Punkte

Der Bürgermeister Herr Sorgenvoll von der Insel Sylt fürchtet, dass der schöne Sandstrand immer weiter vom Meer abgetragen wird. Nach sechs Monaten Untersuchung hat ein Forscherteam folgende Funktionsgleichung als Prognose für die verbleibende Menge Sand ermittelt:

$$y = 10 + t(x-6)^{-b}$$

y beschreibt die Menge des vorhandenen Sands in Kilotonnen und x die Anzahl der Monate, die seit Beginn der Untersuchungen vergangen sind. Ersten Schätzungen zufolge beträgt der Parameter $b = 0{,}2$.

a) Für den Parameter t gelte $t = 14$. Nach wie vielen Monaten sind lediglich 18 Kilotonnen Sand vorhanden?

b) Skizziere den ungefähren Verlauf des Graphen für die ersten 20 Monate.

c) Eine aufgestellte Hypothese ergab, dass sich nach insgesamt 8 Monaten nur noch 11 Kilotonnen Sand am Strand befinden würden. Wie lautet der Parameter t?

Es werden bauliche Maßnahmen vorgenommen, um das Abtragen des Sandes zu verzögern.

d) Wie müssen die Parameter b und t in der Prognose allgemein verändert werden, damit das langsamere Abtragen darin berücksichtigt wird? Welcher Grenzwert ist gemäß der Gleichung langfristig als Restmenge an Sand zu erwarten?

Gesamtpunktzahl  **/30**

Punkte	30	29	28	27	26	25	24	23	22	21	20	19	18	17	16	15	14	13	12	11	10	9	8
Note	+	1	-	+		2	-	+		3	-	+		4		-	+		5			-	6

Klasse 10 - Oberthema C

Exponential- und Logarithmusfunktionen

Aufgabe 1 /9,5 Punkte

a) Bestimme x.

1. $\log_4 x = 5$
2. $\log_{28} x = 0{,}4$

b) Bestimme die Basis.

1. $\log_c 14 = 9$
2. $\log_x 0{,}72 = -5$

c) Bestimme die gesuchte Variable.

1. $7\log_x 4 = \log_3 27$
2. $\log_{\frac{4}{5}} x^2 = 4\log_8 2$

d) Bestimme die Lösungsmenge der Gleichung.

$\log_7\left(6x^2+1\right) = 4$

e) Forme die Funktionsgleichungen in ihre jeweilige Umkehrfunktion um.

1. $f(x) = 23^x$
2. $f(x) = 2\log_{0,32} x$

Aufgabe 2 /4,5 Punkte

Wende die Logarithmusgesetze an und fasse die Terme zusammen.

1. $4\log_2 x + \log_2 4$
2. $\log_y 3x \cdot \left(\log_4(3x-7) + \log_4(3x+7)\right)$
3. $\dfrac{\log(x)}{\log(5)} - \log_5 3 + \log_x 7$

Aufgabe 3 /3,5 Punkte

Gegeben sei die Funktion $f(x) = 0{,}5 \cdot 4^x$.

a) Zeichne den Graphen im Intervall $-2 < x < 2$ in ein Koordinatensystem.

b) Wie würde sich der Verlauf der Kurve verändern, wenn der Exponent negativ wäre?

Aufgabe 4 /6,5 Punkte

Zu Beginn seines Physikpraktikums experimentiert Max mit 56 mg eines radioaktiven Stoffes. Sein Betreuer erzählt ihm, dass nach 9 Tagen aufgrund des radioaktiven Zerfalls nur noch 22 Prozent der Ausgangsmasse vorhanden sein werden.

a) Erstelle für den Zerfall des Stoffes eine entsprechende Funktionsgleichung.

b) Nach wie vielen Tagen sind nur noch 5 mg der Ausgangssubstanz vorhanden?

c) Gib die Halbwertszeit des Stoffes an.

d) Trage die Zerfallskurve in ein Koordinatensystem ein und markiere die Halbwertszeit.

Aufgabe 5 /6 Punkte

Max legt 1200 € zu einem konstanten Zinssatz von 6,2% an.

a) Nach wie vielen Jahren ist das Kapital auf 2000 € angewachsen?

Vicky legt zum gleichen Zeitpunkt wie Max Geld an. Bei ihrer Bank kann sie 1600 € zu einem festen Zinssatz von 5 % anlegen.

b) Nach wie vielen Jahren haben Max und Vicky gleich viel Geld auf ihrem Konto? Wie viel Geld besitzen sie dann jeweils?

Anna hat einen bestimmten Betrag zu einem festen Zinssatz auf ihrem Sparbuch angelegt. Nach vier Jahren hat sie 1623,40 €. Nach weiteren zwei Jahren ist ihr Vermögen auf 1812,60 € angestiegen.

c) Bestimme das Anfangskapital und den vereinbarten Zinssatz.

Hinweis: Stelle zunächst eine Gleichung für den Zustand nach 4 Jahren auf und eine Gleichung nach 6 Jahren.

Gesamtpunktzahl  **/30**

Note

Punkte	30	29	28	27	26	25	24	23	22	21	20	19	18	17	16	15	14	13	12	11	10	9	8
Note	+	1	-	+	2		-	+	3		-	+		4		-	+		5			-	6

Klasse 10 - Oberthema C

Exponential- und Logarithmusfunktionen

Klassenarbeit 2

60 min

Aufgabe 1 /4,5 Punkte

Fasse die Terme mithilfe der Logarithmusgesetze zusammen.

a) $-\log_{10} a + \log_{10} a - \dfrac{\log_{10} 2a^2}{\log_{10} 10}$

b) $\log_y \sqrt{4x} - (\log_y 4x^2 + \frac{1}{2}\log_y 2x)$

c) $\log_c c \cdot (2\log_c x^2 - \frac{3}{5}\log_c 3x) + \log_c 1$

Aufgabe 2 /4,5 Punkte

Bestimme die Lösungsmenge der folgenden Gleichungen.

a) $4^{6x-56,5} = 128$

b) $6 \cdot \left(\sqrt{10}\right)^{5x-3} = \sqrt{3600}$

c) $\log_6\left((x+3)^2\right) = 2$

Aufgabe 3 /7 Punkte

a) Berechne b und a so, dass der Graph $y = b \cdot a^x$ durch die Punkte $P_1(4\,|6,2)$ und $P_2(2\,|4)$ verläuft.

b) Welchen x-Wert würde der Punkt $P_2\left(x_{P2}\,|\,6\right)$ besitzen, wenn der Graph mit dem Parameter $b = 2$ durch P_2 und weiterhin durch $P_1(4\,|6,2)$ verlaufen würde?

c) Wie würde sich der Verlauf des Graphen ändern, wenn der Exponent negativ wäre?

d) Was würde sich verändern, wenn der Parameter b negativ werden würde?

e) Welche Bedingungen müssen für den Parameter a gelten, damit sich die Funktion $y = 3 \cdot a^x$ für große x-Werte asymptotisch dem Funktionswert 0 annähert?

Aufgabe 4 /6 Punkte

Der Förster Herr Stamm listet die Entwicklung seines Waldes auf. Zu Beginn bestand der Wald aus 36000 m^2 Fichtenwald sowie 24000 m^2 Tannenwald. Studien zufolge weist der Fichtenwald eine jährliche Zuwachsrate von 3,1% auf.

a) Nach wie vielen Jahren beträgt der Bestand des Fichtenwaldes 42000 m^2 ?

Nimm des Weiteren an, dass der Tannenwald aufgrund guter Witterungsbedingungen nach 3 Jahren auf 32.000 m^2 angewachsen ist.

b) Welche Zuwachsrate weist demnach der Tannenwald auf?

c) Welche Gesamtfläche hat der Wald, wenn beide Baumarten die gleiche Fläche bedecken? Nimm an, dass die Baumarten sich wie zuvor ausbreiten.

Hinweis: Falls du in b) kein Ergebnis ermitteln konntest, rechne mit einer Zuwachsrate von 8 Prozent weiter.

Aufgabe 5 /8 Punkte

Bei einer Blutuntersuchung von Max wurde eine erhöhte Anzahl von Grippeviren entdeckt. Insgesamt wurden bei der ersten Untersuchung 1340 Viren pro Milliliter Blut ermittelt. Dem Arzt zufolge sinkt die Anzahl der Viren stündlich um 1,25%. Ab einer Konzentration von lediglich 5% im Vergleich zur ersten Untersuchung gilt man als virenfrei.

a) Um welchen Funktionszusammenhang handelt es sich hier?

b) Wie viele Tage dauert es, bis Max virenfrei ist?

c) Nimm nun an, dass Max bereits nach 180 Stunden als virenfrei gilt. Um wie viel Prozent reduziert sich dann die Virenzahl stündlich?

d) Der Arzt verschreibt ihm ein Medikament, sodass die ursprüngliche Reduktion von 1,25 % verfünffacht wird. Wie lange dauert es nun, bis Max virenfrei ist?

e) Stelle den Sachverhalt aus d) grafisch dar. Markiere außerdem die 5%-Grenze, sowie den in d) ermittelten Punkt.

Hinweis: Zeichne den Graphen für die x-Werte von 0 bis 60

Punkte	30	29	28	27	26	25	24	23	22	21	20	19	18	17	16	15	14	13	12	11	10	9	8
Note	+	1	-	+		2	-	+		3	-	+		4		-	+		5			-	6

Klasse 10 - Oberthema D

Trigonometrie

Aufgabe 1 /6,5 Punkte

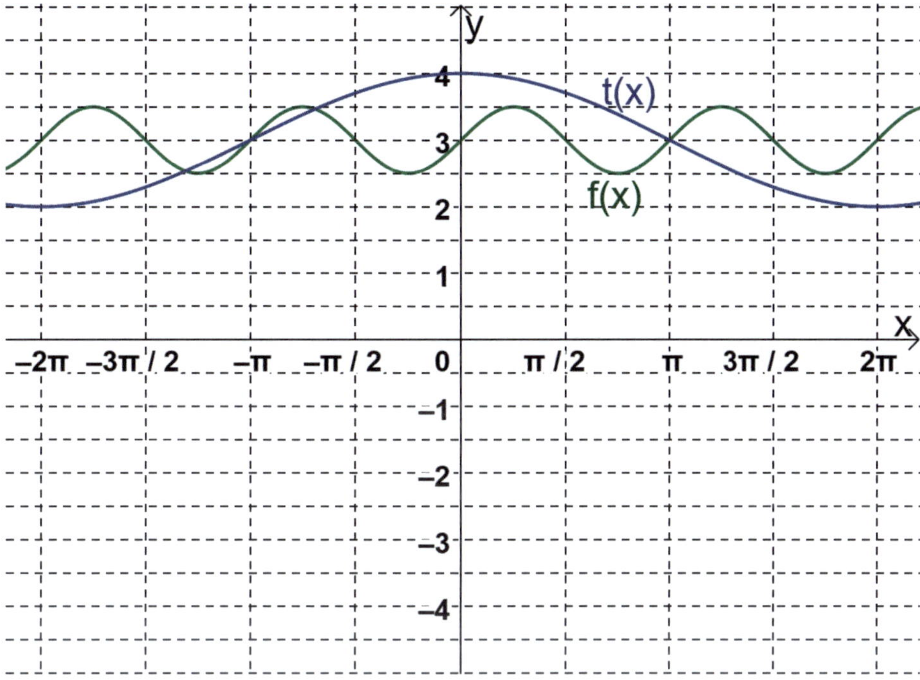

a) Bestimme die Funktionsgleichungen der beiden Graphen.

b) Zeichne zusätzlich die Funktion $g(x) = \sin(2x) - 1$ in das Koordinatensystem.

c) Wie würde sich der grafische Verlauf verändern, wenn die Funktion $g(x)$ ein negatives Vorzeichen besäße?

d) Forme $g(x)$ in die Kosinusfunktion um.

Aufgabe 2 /6 Punkte

Vervollständige die vorliegende Tabelle. Nutze dafür den Taschenrechner.

	a)	b)	c)	d)	e)	f)
α		128°		$\frac{\pi}{4}$		$\frac{3}{2}\pi$
sin(α)	0,34					
cos(α)			0,8		-0,4	

Aufgabe 3 /10,5 Punkte

Gegeben sei das folgende Dreieck und dessen Seitenlängen $c = 8,2 \text{ cm}$ sowie $b = 6,4 \text{ cm}$. Außerdem gilt: $\alpha = 106°$:

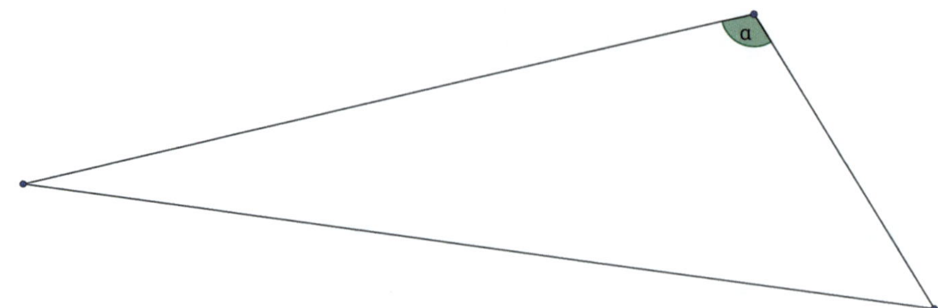

a) Beschrifte alle Ecken, Seiten und Winkel des Dreiecks.

b) Bestimme die übrigen Seitenlängen und Winkel des Dreiecks.

c) Berechne den Flächeninhalt des Dreiecks.

Nimm nun an, dass der Winkel $\beta = 90°$ beträgt und dass für die Seitenlängen gilt: $c = 8,2 \text{ cm}$ und $a = 7,6 \text{ cm}$.

d) Gib für diesen Fall die An- und Gegenkathete von γ sowie die Hypotenuse des rechtwinkligen Dreiecks an.

e) Berechne für diesen Fall die Winkel und Seitenlängen des Dreiecks.

Aufgabe 4 /7 Punkte

Vincent beobachtet im Freizeitpark die Schiffsschaukel und stellt fest, dass sie genau 8 Sekunden von einer Seite zur anderen benötigt. Der Fahrgeschäftsleiter Herr Rummel erzählt, dass man am äußersten Punkt 22 Meter von der Mittelachse entfernt ist, dann mit hoher Geschwindigkeit an der Mittelachse vorbeirauscht und zur anderen Seite schwingt, wo die Auslenkung ebenfalls 22 Meter beträgt.

a) Erstelle eine Funktionsgleichung, die die Auslenkung a der Schiffsschaukel in Abhängigkeit der Zeit t darstellt. Dabei entspricht eine Auslenkung nach rechts einem positiven Wert auf der Hochachse. Zu Beginn der Beobachtung befindet sich die Schiffsschaukel am äußersten linken Punkt.

b) Wie verändert sich die Periodendauer, wenn sich die Schiffsschaukel in einem Zeitraum von 8 Sekunden nicht nur zweimal, sondern fünfmal an einem äußersten Punkt befindet?

c) Skizziere den Verlauf der Auslenkung der Schiffsschaukel für die ersten zwei Perioden in einem Koordinatensystem. Skizziere darin auch, wie der Verlauf der Geschwindigkeit aussehen müsste.

Punkte	30	29	28	27	26	25	24	23	22	21	20	19	18	17	16	15	14	13	12	11	10	9	8
Note	+	1	-	+	2		-	+	3		-	+		4		-	+		5			-	6

Klasse 10 - Oberthema D

Trigonometrie

Aufgabe 1 /4 Punkte

a) Zeichne die Funktion $f(x)=2\cos(2x)$ in ein Koordinatensystem für das Intervall $-2\pi < x < 2\pi$.

b) Verschiebe die Funktion so in x-Richtung, dass gilt $f(0)=1{,}4$ und zeichne die verschobene Funktion.

c) Gib die Funktionsgleichung der verschobenen Funktion an.

Aufgabe 2 /6 Punkte

In der vorliegenden Tabelle sind Winkel sowie Seitenlängen von Dreiecken angegeben. Vervollständige die Tabelle.

Aufgabenteil	a	b	c	α	β	γ
a)		4,2 cm			32°	90°
b)		5 cm		90°		76°
c)		8,2 cm	6 cm	54°		

Aufgabe 3 /7 Punkte

a) Forme die Funktionen jeweils in ihre gegensätzliche Sinus- bzw. Kosinusfunktion um.

1. $f(x)=4\cdot\sin\left(0{,}6\cdot\left(x-\frac{\pi}{2}\right)\right)+3$

2. $f(x)=-\sin(4x+2)$

3. $f(x)=0{,}7\cos\left(x+\frac{\pi}{4}\right)-4$

b) Bestimme die Funktionsgleichung $f(x)$ einer periodischen Schwingung, deren Tiefpunkte bei $y=-1$ liegen und die Hochpunkte bei $y=+6$. Der zurückgelegte Winkel zwischen einem Hochpunkt und einem Tiefpunkt beträgt $\frac{\pi}{3}$. Es befindet sich ein Tiefpunkt an der Stelle $x=0$.

c) Für welche x-Werte im Intervall $0 < x < 2\pi$ sind die Funktionen $f(x)=\sin(x)$ und $g(x)=\cos(x)$ exakt gleich?

Aufgabe 4 /4 Punkte

An einem Berghang soll eine neue Seilbahn installiert werden, damit die 340 Meter über Normalnull liegende Talstation endlich mit der auf 1540 Meter Höhe gelegenen Bergstation verbunden ist. Den ersten Plänen zufolge soll die Bahn dabei einem exakten Neigungswinkel von 36,87° folgen.

a) Erstelle eine Planskizze für den gegebenen Sachverhalt und beschrifte alle Elemente.

b) Wie lang muss das Seil sein, damit die Bergstation erreicht werden kann?

Ein anderer Entwurf sieht eine Gesamtseillänge von 1,6 Kilometern vor.

c) Unter welchem Winkel muss die Bahn dann fahren?

Aufgabe 5 /6 Punkte

Das Great Laxey Wheel ist mit 22 Metern Durchmesser und 30 Metern Höhe das größte antike Wasserrad der Welt. Durch Wasserkraft werden die an ihm befestigten Schaufeln angetrieben und produzieren so Strom. Bei gutem Wasserzufluss dauert eine Umdrehung zwei Minuten.

a) Stelle für das Wasserrad einen Funktionsterm auf, der die Höhe der Schaufel in Abhängigkeit von der Zeit t beschreibt. Betrachte hierfür die Schaufel, die sich zum Zeitpunkt auf halber Höhe des Wasserrades befindet und sich nach oben bewegt..

Hinweis: Die Zeit sei in Minuten angegeben.

b) Ermittle die Höhe der Schaufel nach 42 Sekunden.

c) Wie lange dreht sich eine Schaufel bereits, wenn sie 23 Meter hoch hängt?

Aufgabe 6 /3 Punkte

Skizziere den Verlauf der Funktion $f(x)=\tan(x)$. An welchen Stellen liegen Definitionslücken vor? Begründe, wie es dazu kommt.

Gesamtpunktzahl  /30

Viel Erfolg wünscht

Note

StrandMathe
Meer fürs Denken

Punkte	30	29	28	27	26	25	24	23	22	21	20	19	18	17	16	15	14	13	12	11	10	9	8
Note	+	1	-	+	2		-	+	3		-	+		4		-	+		5			-	6

Klasse 10 - Oberthema E

Verhaltens ganzrationaler Funktionen

Aufgabe 1 /11,5 Punkte

Gegeben seien die Graphen der folgenden vier Funktionen:

$f(x)=3x^5$ $g(x)=2x^6$ $h(x)=x^4-4x^3+x^2+6x$ $t(x)=-0{,}2x^3$

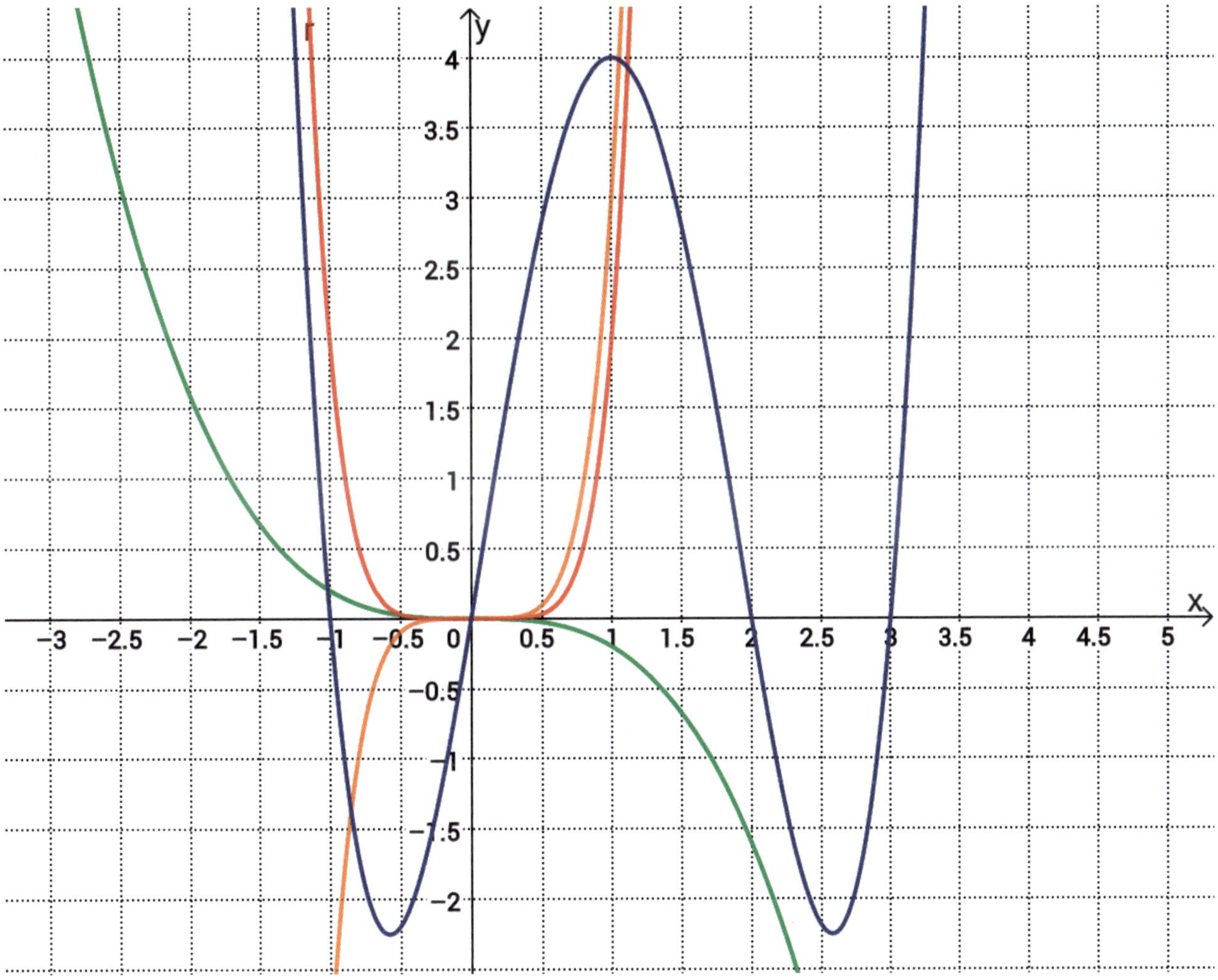

a) Ordne den Graphen ihre Funktionen zu.

b) Leite die Funktionsgleichung $g(x)$ ab und skizziere anschließend den Verlauf der Ableitung in das Koordinatensystem.

c) Bestimme rechnerisch die Nullstellen der Funktion $h(x)$.

d) Könnte die Funktion $s(x)=-2x^4+2$ die Funktion $t(x)$ schneiden? Wenn ja, in welchem Quadranten? Begründe deine Antwort.

Aufgabe 2 /5 Punkte

Bestimme die Ableitung der folgenden Funktionen:

a) $f(x)=12x^2+4-\frac{2}{4}x^9$

b) $f(x)=8x^6-0{,}3x^{-3}+28-x^6x^{-3}$

c) $f(x)=x^4-2x^{-2}+\sqrt{3}+\sqrt[3]{x^5}$

d) $f(x)=\frac{1}{x^{-2}}\cdot\frac{1}{x^5}+0{,}3x^{\frac{2}{5}}-4$

Aufgabe 3 /5,5 Punkte

Max fährt im Sommer gerne Inlineskater. Die Funktion $g(x)=3{,}8x^4+x^3-0{,}8x^2+2x$ beschreibt dabei die von ihm zurückgelegte Strecke (in km) in Abhängigkeit der Zeit x (in Stunden).

a) Welche Durchschnittsgeschwindigkeit fährt Max im Intervall [0,6; 1]?

b) Berechne die genaue Geschwindigkeit, mit der Max nach 30 Minuten fährt.

c) Bestimme rechnerisch die Nullstellen des Graphen.

Aufgabe 4 /8 Punkte

Vicky möchte aus einem quadratischen Stück Pappe mit 36cm^2 Flächeninhalt eine nach oben offene Kiste basteln. Hierfür möchte sie an jeder Ecke die variable Seitenlänge x abschneiden und anschließend die Seiten nach oben biegen.

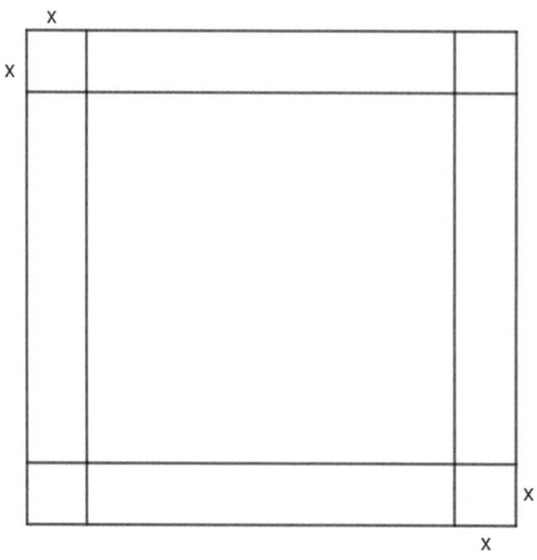

Zugehörige Aufgaben auf der nächsten Seite

a) Erstelle eine Funktionsgleichung die das Volumen V der Kiste in Abhängigkeit der Höhe x beschreibt.

Hinweis: Falls du keine Lösung gefunden hast, rechne mit $V_2(x) = 12x^3 - 36x^2 + 24x$ *weiter.*

b) Beschreibe das Symmetrieverhalten, das Grenzverhalten, die Anzahl der möglichen Hoch-und Tiefpunkte sowie die Nullstellen und die Schnittpunkte mit der y-Achse.

c) Bestimme die Tangentensteigung für den Fall, dass $\mathrm{x} = 2\ \mathrm{cm}$ entspricht.

d) Gib den Grad des Polynoms aus a) an und begründe im Sachzusammenhang, warum dieser vorliegt.

Gesamtpunktzahl ☐ **/30**

Viel Erfolg wünscht

Note ☐

Punkte	30	29	28	27	26	25	24	23	22	21	20	19	18	17	16	15	14	13	12	11	10	9	8
Note	+	1	-	+	2		-	+	3		-	+		4		-	+		5			-	6

Klasse 10 - Oberthema E

Verhalten ganzrationaler Funktionen

Aufgabe 1 /4 Punkte

Bilde jeweils die Ableitung der folgenden Funktionen:

a) $h(x) = 0{,}5x^7 - 4x^2 + 3x$

b) $f(x) = 13x^{-4} + \frac{1}{x} - x + x^{-1}$

c) $g(x) = x^{0.3} + \frac{x^7}{x^{-4}} + 9$

d) $p(x) = \frac{5x}{\sqrt{x}} + x^{-4} - 0.3x^3x^{\frac{5}{3}}$

Aufgabe 2 /9,5 Punkte

a) Untersuche den Verlauf der folgenden Polynome. Nutze hierzu die untenstehende Tabelle. Falls nötig, forme zunächst um.

1. $f_1(x) = 3x^5 - 12x^3 + \frac{3}{5}x + 2$
2. $f_2(x) = -5x^8 - \frac{3x^7}{x^3} + 121x^2$
3. $f_3(x) = 4x(-8 + 7x^2) + (3x + 6x^2)^2$

	1.)	2.)	3.)
Symmetrie-verhalten			
Grenzverhalten $x \to -\infty$			
Grenzverhalten $x \to +\infty$			
Anzahl mögl. Nullstellen			
Anzahl mögl. Extremstellen			
Schnittpunkt mit y-Achse			

b) Notiere eine mögliche Funktionsgleichung, die in beide Richtungen achsensymmetrisch gegen $f(x) \to -\infty$ verläuft und bis zu fünf Extremstellen besitzen kann. Ihr Schnittpunkt mit der y-Achse liegt bei -3.

c) Der Graph von $g(x) = ax^n$ verläuft ausschließlich durch die Quadranten 1 und 2. Welche Aussage lässt sich über a und n treffen?

Aufgabe 3 — /6,5 Punkte

a) Bestimme die Nullstellen der Polynome:

1. $f_1(x) = x^3 + 3x^2 + 2x$

2. $f_2(x) = x^3 + \frac{6}{5}x^2 - \frac{48}{5}x + \frac{32}{5}$

b) Bilde ein Polynom dritten Grades, das bei $x_{0,1} = 7$, $x_{0,2} = -2$ und $x_{0,3} = 5$ seine Nullstellen besitzt und notiere die Funktionsgleichung in der Form $f(x) = ax^3 + bx^2 + cx + d$.

Aufgabe 4 — /5 Punkte

a) Gegeben sei eine Funktion vierten Grades. Welcher Funktionstyp (Form) entsteht, wenn man die gegebene Funktion zweimal ableitet?

b) Skizziere den Verlauf der Funktion $f(x) = -0{,}5x^2 - x$ in einem Koordinatensystem.

c) Angenommen es handelt sich bei $f(x)$ bereits um die Ableitung, die aus einer Funktion $g(x)$ hervorgegangen ist. Skizziere $g(x)$ in demselben Koordinatensystem.

d) Wie könnte die Funktionsgleichung von $g(x)$ lauten?

Aufgabe 5 — /5 Punkte

Beim Höhenanstieg eines Segelflugzeuges sinkt der Luftdruck exponentiell ab. Der Druck lässt sich näherungsweise durch die Funktion $f(x) = -\frac{1}{10000}x^3 - \frac{1}{1000}x + 1013$ beschreiben, wobei x die entsprechende Höhe (in 100 m) angibt und y den vorherrschenden Druck (in hPa). *(hPa steht für Hektopascal)*

a) Bestimme mithilfe der Sekantensteigung die Änderungen des Drucks im Intervall $[0;10]$.

b) Bestimme die momentane Luftdruckänderung bei einer Flughöhe von 8000 Metern. Wie verändert sich die momentane Änderung, wenn das Flugzeug weiter steigt?

c) Bei welcher Flughöhe beträgt die momentane Luftdruckänderung $-36{,}751$ hPa pro 100 Meter?

Gesamtpunktzahl  **/30**

Note

Punkte	30	29	28	27	26	25	24	23	22	21	20	19	18	17	16	15	14	13	12	11	10	9	8
Note	+	1	-	+	2		-	+	3		-	+		4		-	+		5			-	6

Klasse 10 - Abschlussarbeit

Schwerpunkt: Terme und Funktionen

Aufgabe 1 /9,5 Punkte

a) Vereinfach die Terme.

1. $p^2q^5 \cdot p^{-1} \cdot \frac{1}{q^{-1}} \cdot \sqrt{pq}$

2. $a^{2z} \cdot a^{-3} \cdot 4a^4 \cdot \frac{1}{a^{5z}}$

3. $xy^2 \cdot 3x^{-3} \cdot y^{\frac{2}{3}} - \frac{1}{\sqrt{x}} \cdot x^{-\frac{3}{2}} \cdot \frac{y^3}{\sqrt[3]{y}}$

b) Fasse zusammen.

1. $\log_a x^2 + \log_a 10 - 4\log_a 2x$

2. $\frac{\log_{10} 9c^2}{\log_{10} 100} + \log_c \frac{10a}{9a^2} + \log_c 3 \cdot \log_c c^3$

c) Bestimme die Lösungsmenge.

1. $4 \cdot \log_2\left(\frac{a^2}{\sqrt{a}} \cdot a^{-1}\right) = 12a^3 \cdot \frac{a^{-1}}{2a^2}$

Aufgabe 2 /13,5 Punkte

Gegeben seien die Funktionen $f(x) = -2x^2 - 4x$ und $g(x) = 0{,}25(x-2)^2 - 2$.

a) Forme $f(x)$ in die Scheitelpunktform um und $g(x)$ in die Normalform.

b) Skizziere beide Funktionsgraphen in einem Koordinatensystem.

c) Bestimme rechnerisch die Schnittpunkte der Funktionen und gib deren Koordinaten an.

d) Bestimme eine Geradengleichung, die durch die Schnittpunkte verläuft.

e) Betrachte die Funktion $f(x) = -2x^2 - 4x + d$ mit dem Parameter d. Zeige rechnerisch, für welche Werte von d nur genau ein oder kein Schnittpunkt der beiden Graphen vorliegt.

Aufgabe 3 /10 Punkte

Für den Füllstand des Hoover-Stausees in der Nähe von Las Vegas wird in den kommenden Jahren aufgrund einer Dürre und eines erhöhten Wasserbedarfs eine stetige Abnahme vorhergesagt. Der Füllstand wird beschrieben durch die Funktion

$$h(t) = 120 \cdot 0{,}84^t + 60$$

Dabei gibt $h(t)$ die Füllstandshöhe in Metern an und t die Zeit in Jahren.

a) Welche Funktionsart liegt vor? Notiere auch die allgemeine Form und nenne eine wesentliche Eigenschaft dieser Funktionsart.

b) Skizziere den Graphen der Funktion in einem Koordinatensystem. Gib dabei die Füllhöhen nach einem Jahr, nach fünf Jahren und nach 15 Jahren an.

c) Nach welcher Zeit liegt die Füllstandshöhe nur noch bei 80 Metern?

d) Verändere die Funktion $h(t)$ so, dass sich langfristig als Grenzwert ein niedrigster Stand von 48 Metern für die korrigierte Funktion $h^*(t)$ ergibt. Dabei soll sich rechnerisch für den Zeitpunkt $t = 0$ der gleiche Füllstand ergeben.

e) In anderen Prognosen wird die Füllstandshöhe für den Zeitraum von 0 bis 15 Jahren mit einer Parabel $h_p(t)$ beschrieben. Bestimme $h_p(t) = a(t-b)^2 + c$ so, dass zu den Zeitpunkten $t = 0$ und $t = 15$ dieselben Werte vorliegen wie in der ursprünglichen Funktion $h(t)$. Geh davon aus, dass nach 15 Jahren der Tiefpunkt erreicht ist.

Aufgabe 4 /12 Punkte

Eine Pendeluhr wird durch die periodische Schwingung eines Pendels angetrieben. Das Pendel gibt den Takt vor und schwingt innerhalb von einer Sekunde von links nach rechts. Die Uhr muss neu aufgezogen werden. Hierzu wird das Pendel 15 Zentimeter von der Mittelachse aus nach rechts ausgelenkt. Dies soll einer positiven Auslenkung entsprechen.

a) Bestimme nun die Funktionsgleichung $s(t)$ für die weitere Schwingung des Pendels. Dabei ist s die Auslenkung in Zentimetern und t die Zeit in Sekunden.

b) Wie oft am Tag befindet sich das Pendel am rechten Auslenkpunkt?

c) Zeichne den Graph der ersten drei Perioden in ein Koordinatensystem.

d) Nach welcher Zeit befindet sich das Pendel erstmals zehn Zentimeter links von der Mittelachse? Wann überschreitet es diese Stelle ein zweites Mal? Bestimme rechnerisch und beschreibe kurz das Vorgehen.

Durch mechanische Reibung im Uhrwerk (auch Dämpfung genannt) wird die Auslenkung im Laufe der Zeit immer geringer. Zur Beschreibung dieses Verhaltens multipliziert man die Funktion aus a) mit einer Dämpfung der Form

$$d(t) = b^{0{,}0001 \cdot t}$$

e) Bestimme die Dämpfung $d(t)$ der gedämpften Schwingung $s^*(t) = d(t) \cdot s(t)$, wenn nach drei Tagen die maximale Auslenkung nur noch einen Zentimeter betragen soll.

f) Beschreibe mithilfe einer Skizze, wie sich der Funktionsgraph der Schwingung durch die Dämpfung verändert.

Gesamtpunktzahl  **/45**

Note

Punkte	45	44	43	42	41	40	39	38	37	36	35	34	33	32	31	30	29	28	27	26	25	24	23	22	21	20	19	18	17	16	15	14	13
Note	+		1		-	+		2			-	+		3			-	+			4			-	+			5				-	6

Klasse 10 - Abschlussarbeit

Schwerpunkt: Funktionsuntersuchung

Aufgabe 1 /10,5 Punkte

a) Leite die folgenden Funktionen ab.

1. $f(x) = 2x - 0,3x^4 + \frac{1}{2}x^3$
2. $f(x) = 3 + x^{-3} + \frac{3}{x} - 4x^2$
3. $f(x) = \frac{5x}{3x^2} - \frac{1}{\sqrt{x}} + x^{\frac{2}{3}} + \frac{x}{2\sqrt{x}}$

b) Bestimme die Nullstellen.

1. $f(x) = 2x \cdot (x-3)^2$
2. $f(x) = x^3 + 3x^2 - 25x + 21$
3. $f(x) = x^4 - 20x^2 + 64$

Aufgabe 2 /9,5 Punkte

Die folgende Funktion beschreibt die geschätzte Bevölkerungsentwicklung eines Landes in den nächsten Jahren:

$$b(t) = \frac{1}{30}t^3 - 0,7t^2 + 4,9t + 27$$

Dabei ist b die Bevölkerung in Millionen und t die Zeit in Jahren.

a) Wie viele Menschen werden in 2 Jahren in dem Land leben und wie viele in 12 Jahren?

b) Wie hoch wird der mittlere jährliche Bevölkerungszuwachs zwischen diesen beiden Zeitpunkten sein?

c) Bestimme den momentanen Bevölkerungszuwachs im zweiten Jahr.

d) In welchen Jahren ist ein Bevölkerungswachstum von maximal 400.000 Menschen zu erwarten?

e) Welche Besonderheit weist der momentane Bevölkerungszuwachs im siebten Jahr auf? Erkläre im Sachzusammenhang.

f) Ist der Bevölkerungszuwachs abhängig von der gegenwärtigen Bevölkerungszahl? Begründe im Bezug auf die gegebene Funktionsgleichung.

Aufgabe 3 /12 Punkte

Die Graphik zeigt den Ausgangspunkt zweier rotierender Rollen, die über eine Feder miteinander verbunden sind und einen Abstand von $d = 2$ haben. Sie liegen symmetrisch zur eingezeichneten (gestrichelten) Mittelachse. Beide Rollen haben einen Radius von $r = 2$ und drehen sich mit gleicher Geschwindigkeit. Die Befestigungspunkte der Feder an den äußeren Rändern befinden sich im Ausgangspunkt in unterschiedlichen Stellungen.

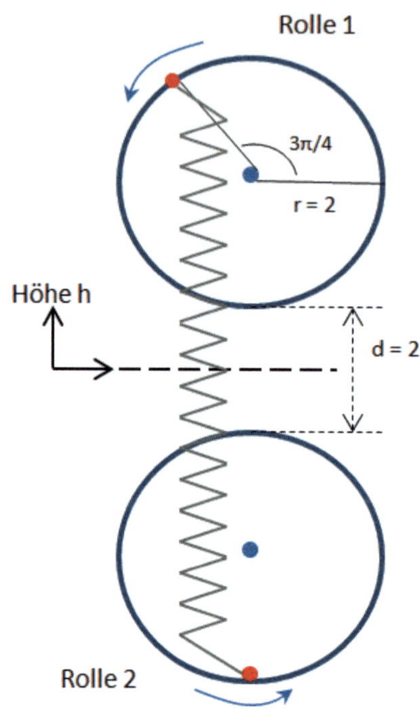

a) Bestimme ausgehend vom Ausgangspunkt für jeden der Befestigungspunkte eine Funktionsgleichung, die die Höhe $h_{R1}(x)$ bzw. $h_{R2}(x)$ in Abhängigkeit der Drehung x (Bogenmaß) beschreibt.

b) Zeichne die Graphen der beiden Funktionen für das Intervall von $0 < x < 3\pi$ in ein Koordinatensystem.

c) Schätze mithilfe der Graphik, nach welcher Drehung die beiden Befestigungspunkte den geringsten bzw. den größten Höhenunterschied aufweisen. Wie groß sind die Unterschiede jeweils?

d) Bestimme mithilfe der Differenz der Funktionsgleichungen $h_{R1}(x)$ und $h_{R2}(x)$ eine neue Funktion, die den Höhenunterschied der beiden Befestigungspunkte beschreibt.

e) Skizziere den Verlauf der Funktion des Höhenunterschieds in dem Koordinatensystem aus b). Orientiere dich dabei an den Hoch- und Tiefpunkten des Höhenunterschieds und bestimme anschließend die Gleichung des Graphen als eigenständige Sinus-Funktion.

Aufgabe 4 /13 Punkte

Gegeben sei das folgende Polynom:

$$f(x) = 0{,}2x^4 - 0{,}5x^3 - 2x^2$$

a) Benenne zunächst alle Eigenschaften der Funktion, die bereits ohne Rechnung erkennbar sind. Beantworte und begründe außerdem:

   1) Durch welche Änderung würde die Funktion achsensymmetrisch werden?

   2) Durch welche Änderung könnte die Funktion eine weitere Nullstelle erhalten?

b) Berechne die Nullstellen der Funktion.

c) Skizziere den Graphen in einem Koordinatensystem. Beschreibe dabei, welche Besonderheit für $x = 0$ vorliegt.

d) Beschreibe den Verlauf der Steigung des Funktionsgraphen und geh dabei insbesondere auf das Steigungsverhalten bei Hoch- und Tiefpunkten der Funktion ein. Beschreibe den Verlauf dabei von links nach rechts.

e) Leite die Funktion ab und bestimme die Nullstellen der Ableitung. Was stellst du in Bezug auf die Hoch- und Tiefpunkte der Ursprungsfunktion fest? Skizziere die Funktion der Ableitung in dem Koordinatensystem von d).

Gesamtpunktzahl  /45

Note

Punkte	45 44 43 42 41	40 39 38 37 36 35	34 33 32 31 30 29	28 27 26 25 24 23 22	21 20 19 18 17 16 15 14	13
Note	+ 1 -	+ 2 -	+ 3 -	+ 4 -	+ 5 -	6

Lösungen Oberthema A

Klassenarbeit 1

Aufgabe 1

a) $\frac{11!}{(11-5)!} = 55440$

b) $\frac{7!}{(7-5)!} = 2520$

c) Es bleiben noch 9 Spieler übrig, die für drei Schüsse angeordnet werden können:

$\frac{9!}{(9-3)!} = 504$

d) Es gibt vier Möglichkeiten, um die Stürmer anzuordnen:

z.B. die Stürmer auf Position 1 bis 2; 2 bis 3; 3 bis 4 oder 4 bis 5 schießen zu lassen.

Die restlichen drei Plätze füllt man dann beliebig mit den übrigen 9 Spiel

ern auf, wie in c):

$\frac{9!}{(9-3)!} = 504$ Daher gibt es insgesamt $4 \cdot 504 = 2016$ Möglichkeiten.

1,5 Punkte je Teilaufgabe

Aufgabe 2

a)

	Rom	Kroatien	Gesamt
männlich	4	14	18
weiblich	11	5	16
Gesamt	15	19	34

Insgesamt 1,5 Punkte

b)

	Rom	Kroatien	Gesamt
männlich	0,12	0,41	0,53
weiblich	0,32	0,15	0,47
Gesamt	0,44	0,56	1

Pro Spalte 1 Punkt; Insgesamt 3 Punkte

c) Die Wahrscheinlichkeit, dass eine zufällig ausgewählte Person weiblich ist und für Kroatien gestimmt hat, kann aus der Tabelle abgelesen werden und beträgt 15%.

1 Punkt für diese Teilaufgabe

d) $P_m(R) = \frac{P(m \cap R)}{P(m)} = \frac{0,12}{0,53} = 0,2264$

Die Wahrscheinlichkeit beträgt 22,64%.

1,5 Punkte für diese Teilaufgabe

e) $P_K(m) = \frac{P(K \cap m)}{P(K)} = \frac{0,41}{0,56} = 0,7321$

Die Wahrscheinlichkeit beträgt 73,21 %

1,5 Punkte für diese Teilaufgabe

Aufgabe 3

a)

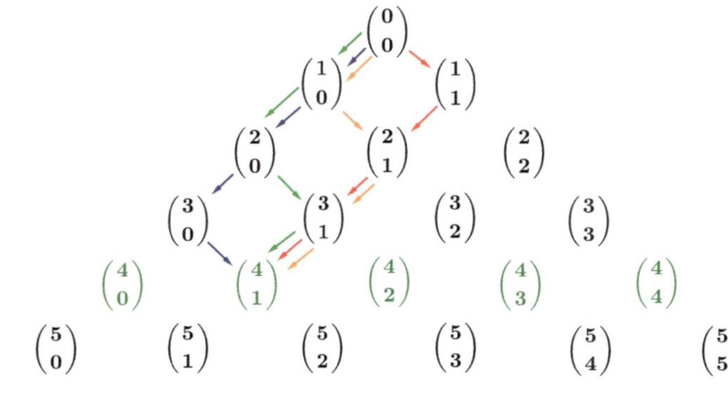

1,5 Punkte für das richtig aufgezeichnete Pascal'sche Dreieck (ohne Pfade; die Pfade sind für spätere Aufgabenteile)

b) Es gibt $\binom{4}{1} = 4$ Möglichkeiten, zu diesem Ergebnis zu kommen. (s.o. in Graphik)

0,5 Punkte für die richtige Antwort; 0,5 Punkte für die richtigen Pfade; insgesamt 1 Punkt

c) Es gibt insgesamt 4 verschiedene Möglichkeiten, zu diesem Ergebnis zu kommen. Die Wahrscheinlichkeit hierfür beträgt

$P(\text{Ereignis}) = \frac{1}{2}^{1} \cdot \frac{1}{2}^{3} = \frac{1}{16} = 0{,}0625 \quad P(1\text{ Korb aus 4 Würfen}) = \frac{1}{16} \cdot 4 = 0{,}25$

Die Wahrscheinlichkeit liegt bei 25%.

1 Punkt für Binomialkoeffizient und P(Ereignis); 0,5 Punkte für die Wahrscheinlichkeit; insgesamt 1,5 Punkte

d) Gesamtanzahl der Versuche: $n = 3 \cdot 10 = 30$

Gesamtanzahl erfolgreiche Versuche: $k = 12$

$\frac{30!}{(30-12)! \cdot 12!} = \binom{30}{12} = 86493225$ Es gibt insgesamt 86493225 verschiedene Möglichkeiten, zu diesem Ergebnis zu kommen. Die Wahrscheinlichkeit hierfür beträgt

$P(\text{Ereignis}) = \left(\frac{1}{2}\right)^{12} \cdot \left(\frac{1}{2}\right)^{18} = 9{,}31 \cdot 10^{-10}$

$P(12\text{ Körbe aus 30 Würfen}) = 9{,}31 \cdot 10^{-10} \cdot 86493225 = 0{,}0805$

Die Wahrscheinlichkeit liegt bei ca. 8,05 %

1,5 Punkte für Binomialkoeffizient und P(Ereignis); 0,5 Punkte für das Ergebnis; insgesamt 2 Punkte

e) Gesamtversuchszahl und Trefferanzahl unverändert, daher Anzahl der Möglichkeiten weiterhin bei 86493225.

Da Annas Trefferquote bei 75 % liegt, beträgt die Wahrscheinlichkeit für diesen Fall nun aber:

$0{,}75^{12} \cdot 0{,}25^{18} = 4{,}61 \cdot 10^{-13}$

$P(12\text{ Körbe aus 30 Würfen}) = 4{,}61 \cdot 10^{-13} \cdot 86493225 = 3{,}99 \cdot 10^{-5} = 0{,}0000399$

Die Wahrscheinlichkeit liegt bei 0,00399%.

1 Punkt für Wahrscheinlichkeit

f) Mindestens einen Korb: $\binom{10}{8} = 45 \quad \binom{10}{9} = 10 \quad \binom{10}{10} = 1$

Wahrscheinlichkeiten: $P(8) = 0{,}75^{8} \cdot 0{,}25^{2} = 0{,}0063$

$P(9) = 0{,}75^{9} \cdot 0{,}25^{1} = 0{,}0188 \quad P(10) = 0{,}75^{10} = 0{,}0563$

$P(\text{mindestens 8}) = P(8) \cdot \binom{10}{8} + P(9) \cdot \binom{10}{9} + P(10) \cdot \binom{10}{10}$

$P(\text{mindestens 8}) = 0{,}0063 \cdot 45 + 0{,}0188 \cdot 10 + 0{,}0563 \cdot 1 = 0{,}5278$

Die Wahrscheinlichkeit, dass Anna bei 10 Würfen mindestens 8-mal den Korb trifft, liegt bei 52,78%.

1 Punkt für den Ansatz; 1,5 Punkte für das Berechnen der einzelnen Wahrscheinlichkeiten und der Anzahl der Möglichkeiten; 0,5 Punkte für das Ergebnis; insgesamt 3 Punkte

Aufgabe 4

Mögliche Benennung:

$P(B) =$ Wahrscheinlichkeit, dass jemand eine Berufswahl getroffen hat

$P(\overline{B}) =$ Wahrscheinlichkeit, dass jemand keine Berufswahl getroffen hat

$P(P) =$ Wahrscheinlichkeit, dass jemand ein Praktikum absolviert hat

$P(\overline{P}) =$ Wahrscheinlichkeit, dass jemand kein Praktikum absolviert hat

a) $P(B \cap P) = P(B) \cdot P_B(P) = 0{,}18 \cdot 0{,}89 = 0{,}1602$ Die Wahrscheinlichkeit für den obigen Sachverhalt beträgt ca. 16,02 %

Ansatz: 1 Punkt; Berechnung 1 Punkt; insgesamt 2 Punkte

b) $P(B \cap P) + P(\overline{B} \cap P) = P(B) \cdot P_B(P) + P(\overline{B}) \cdot P_{\overline{B}}(P) = 0{,}1602 + 0{,}82 \cdot 0{,}08 = 0{,}2258$

22,58% der Befragten haben ein Praktikum absolviert.

Ansatz: 1,5 Punkte; Berechnung 1 Punkt; insgesamt 2,5 Punkte

c) Die Umfragen zeigen, dass es einen signifikanten Zusammenhang zwischen der späteren Berufsvorstellung und dem Absolvieren eines Praktikums gibt. Das bedeutet, wer ein Praktikum absolviert, hat genauere Vorstellungen von seinem Berufswunsch.

1 Punkt für diese Teilaufgabe

Lösungen Oberthema A

Klassenarbeit 2

Aufgabe 1

a) $\frac{32!}{(32-6)!}=652458240$

b) $\frac{16!}{(16-6)!}=5765760$

c) $\frac{8!}{(8-5)!}=6720$

Jeweils 1 Punkt pro Teilaufgabe; insgesamt 3 Punkte

Aufgabe 2

a)

	sportlich	unsportlich	Gesamt
Gesunde Ernährung	45	29	74
Ungesunde Ernährung	12	31	43
Gesamt	57	60	117

Pro vollständige Spalte 0,5 Punkte; insgesamt 1,5 Punkte

b) $P_S(G)=\frac{P(S\cdot G)}{P(S)}=\frac{45}{57}=0{,}7895=78{,}95\ \%$

Die Wahrscheinlichkeit beträgt ca. 78,95 %

c) $P_{\bar{G}}(\bar{S})=\frac{P(\bar{S}\cdot\bar{G})}{P(\bar{G})}=\frac{31}{43}=0{,}7209=72{,}09\ \%$

Die Wahrscheinlichkeit beträgt ca. 72,09 %

d) $P_G(\bar{S})=\frac{P(G\cap\bar{S})}{P(G)}=\frac{29}{74}=0{,}3919=39{,}19\ \%$

Die Wahrscheinlichkeit beträgt ca. 39,19 %

1,5 Punkte pro Teilaufgabe (b) bis d)); insgesamt 4,5 Punkte

Aufgabe 3

a) Mindestens 6 Fleischgerichte:

$\binom{9}{6}=84 \quad \binom{9}{7}=36 \quad \binom{9}{8}=9 \quad \binom{9}{9}=1$

$P(6)=\left(\frac{12}{27}\right)^6\cdot\left(\frac{15}{27}\right)^3\approx 1{,}3\cdot 10^{-3} \quad P(7)=\left(\frac{12}{27}\right)^7\cdot\left(\frac{15}{27}\right)^2\approx 1{,}1\cdot 10^{-3}$

$P(8)=\left(\frac{12}{27}\right)^8\cdot\left(\frac{15}{27}\right)^1\approx 8{,}5\cdot 10^{-4} \quad P(9)=\left(\frac{12}{27}\right)^9\cdot\left(\frac{15}{27}\right)^0\approx 6{,}8\cdot 10^{-4}$

$P(\text{mindestens}6)=P(6)\cdot\binom{9}{6}+P(7)\cdot\binom{9}{7}+P(8)\cdot\binom{9}{8}+P(9)\cdot\binom{9}{9}$

$P(\text{mindestens}6)=0{,}1092+0{,}0396+0{,}0077+0{,}00068=0{,}157$

Die Wahrscheinlichkeit beträgt ca. 15,7%.

0,5 Punkte für den Ansatz; 1,5 Punkte für das Berechnen der einzelnen Wahrscheinlichkeiten und der Anzahl der Möglichkeiten; 0,5 Punkte für das Ergebnis; insgesamt 2,5 Punkte

b) Maximal 3 vegetarische Gerichte:

$\binom{9}{0}=1 \quad \binom{9}{1}=9 \quad \binom{9}{2}=36 \quad \binom{9}{3}=84$

$P(0)=\left(\frac{19}{27}\right)^9\approx 0{,}022 \quad P(1)=\left(\frac{8}{27}\right)^1\cdot\left(\frac{19}{27}\right)^8\approx 0{,}018$

$P(2)=\left(\frac{8}{27}\right)^2\cdot\left(\frac{19}{27}\right)^7\approx 7{,}5\cdot 10^{-3} \quad P(3)=\left(\frac{8}{27}\right)^3\cdot\left(\frac{19}{27}\right)^6\approx 3{,}2\cdot 10^{-3}$

$P(\text{maximal}3)=P(0)\cdot\binom{9}{0}+P(1)\cdot\binom{9}{1}+P(2)\cdot\binom{9}{2}+P(3)\cdot\binom{9}{3}=0{,}7228$

Die Wahrscheinlichkeit, dass höchstens drei Personen ein vegetarisches Gericht wählen, liegt bei 72,28%.

1,5 Punkte für das Berechnen der einzelnen Wahrscheinlichkeiten und der Anzahl der Möglichkeiten; 0,5 Punkte für das Ergebnis; insgesamt 2 Punkte

c) Zunächst zwei Vorspeisen: $\left(\frac{5}{27}\right)^2 = 0{,}034$

Es verbleiben 7 Bestellungen mit maximal 2 Vorspeisen:

$\binom{7}{2} = 21 \quad \binom{7}{1} = 6 \quad \binom{7}{0} = 1$

$P_1(2\text{ Vorspeisen}) = \left(\frac{5}{27}\right)^2 \cdot \left(\frac{22}{27}\right)^5 = 0{,}0123$

$P_2(1\text{ Vorspeise}) = \left(\frac{5}{27}\right)^1 \cdot \left(\frac{22}{27}\right)^6 = 0{,}0542$

$P_3(0\text{ Vorspeise}) = \left(\frac{22}{27}\right)^7 = 0{,}2385$

Gesamtwahrscheinlichkeit für den vorliegenden Sachverhalt:

$0{,}034 \cdot \left(P_1 \cdot \binom{7}{2} + P_2 \cdot \binom{7}{1} + P_3 \cdot \binom{7}{0}\right) = 0{,}0279$

Die Wahrscheinlichkeit, dass erst zufällig zwei Vorspeisen von der Karte gewählt werden und bei den folgenden Bestellungen maximal zwei weitere Vorspeisen hinzukommen beträgt 2,79 %.

1 Punkt für den Ansatz; 1,5 Punkte für das Berechnen der einzelnen Wahrscheinlichkeiten und der Anzahl der Möglichkeiten; 0,5 Punkte für das Ergebnis; insgesamt 3 Punkte

Aufgabe 4

a)

```
                1
             1     1
          1     2     1
       1     3     3     1
    1     4     6     4     1
 1     5    10    10     5     1
```

1,5 Punkte für das richtig aufgezeichnete Pascal'sche Dreieck

b)

1. Lediglich der letzte Summand enthält keinen Faktor x. Dieser lautet y^{72}. Betrachte dazu ganz rechte „Spalte" des Pascal'schen Dreiecks.
2. Lediglich ein Summand enthält genau den Faktor y^{71} mit dem Koeffizienten 72. Also $72xy^{71}$. Betrachte dazu die vorletzte rechte „Spalte" des Pascal'schen Dreiecks.
3. Eine binomische Formel des Grades 2 besteht aus insgesamt drei Teilsummanden. Steigert sich die Potenz um den Faktor 1, so steigt auch die Zahl der Teilsummanden um eins. Daher besteht eine binomische Formel mit dem Grad 72 aus insgesamt 73 Teilsummanden
4. Durch das negative Vorzeichen innerhalb der binomischen Formel würde sich das Pascal'sche Dreieck selbst nicht ändern. Allerdings muss man jedes Mal, wenn y eine ungerade Potenz hat, das Vorzeichen zu einem Minus ändern.

Pro richtiger Antwort 1 Punkt; insgesamt 4 Punkte

c) $1 \cdot 3^4 \cdot x^4 + (4 \cdot 3^3 \cdot 2) \cdot x^3y + (6 \cdot 3^2 \cdot 2^2) \cdot x^2y^2 + (4 \cdot 3 \cdot 2^3) \cdot xy^3 + 1 \cdot 2^4 \cdot y^4$

$= 81x^4 + 216x^3y + 216x^2y^2 + 96xy^3 + 16y^4$

1 Punktefür vollständig ausmultiplizierte Klammern und 0,5 Punkte für abschließendes Zusammenfassen; insgesamt 1,5 Punkte

Aufgabe 5

a) Prozentsatz der Infizierten: $\frac{85000}{81000000} = 0{,}001$

Prozentsatz der Gesunden: $1 - 0{,}001 = 0{,}999$

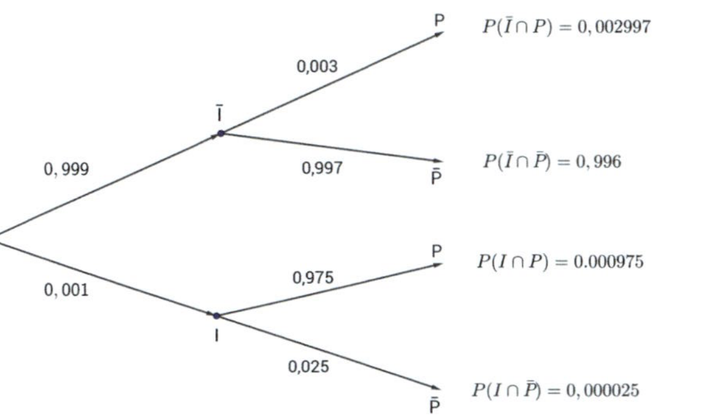

4 Punkte für das vollständige Baumdiagramm

b) Gesuchte Wahrscheinlichkeit $P(I \cap P) = 0{,}000975 = 0{,}0975\%$

1 Punkt für die richtige Antwort

c) Gesamtwahrscheinlichkeit für einen negativen Test:

$P(\overline{P}) = P(I \cap \overline{P}) + P(\overline{I} \cap \overline{P}) = 0{,}996025$

Gesuchte Wahrscheinlichkeit:

$P_{\overline{P}}(I) = \frac{P(\overline{P} \cap I)}{P(\overline{P})} = \frac{0{,}000025}{0{,}996025} = 0{,}000025 = 0{,}0025\%$ Die Wahrscheinlichkeit, dass eine negativ getestete Person trotzdem mit HIV infiziert ist, liegt bei 0,0025%.

0,5 Punkte für den Ansatz; 1 Punkt für das Ergebnis; insgesamt 1,5 Punkte

Lösungen Oberthema B

Klassenarbeit 1

Aufgabe 1

a) Funktion 1: orangener Funktionsgraph
Funktion 2: roter Funktionsgraph
Funktion 3: blauer Funktionsgraph
Funktion 4: grüner Funktionsgraph

1,5 Punkte je richtig zugeordneten Graphen; insgesamt 6 Punkte

b)

Scheitelpunktform:	$f(x) = -0{,}3(x-3)^2 + 13$
die Umformung ergibt:	$f(x) = -0{,}3(x^2 - 6x + 9) + 13$
Normalform:	$f(x) = -0{,}3x^2 + 1{,}8x + 10{,}3$

Umformung 1 Punkt

Normalform:	$g(x) = 4x^2 - 48x + 176$
Ausklammern:	$g(x) = 4(x^2 - 12x + 44)$
Quadratische Ergänzung:	$g(x) = 4(x^2 - 12x + 36 - 36 + 44)$
Scheitelpunktform:	$g(x) = 4((x-6)^2 + 8) = 4(x-6)^2 + 32$

Umformung 1,5 Punkte

Aufgabe 2

	Der Graph ist eine Hyperbel	Der Graph besitzt einen Wendepunkt	Der Graph ist punktsymmetrisch zum Ursprung	Der Graph besitzt eine Polstelle
$\mathbf{f(x) = x^{-4}}$	X			X
$\mathbf{f(x) = x^{3}}$		X	X	
$\mathbf{f(x) = x^{-5}}$	X		X	X
$\mathbf{f(x) = 0{,}2(x-3)^6}$				

0,5 Punkte je richtig gesetztem Kreuz; insgesamt 3,5 Punkte

Aufgabe 3

Aufgabenteil	Potenzschreibweise	Wurzelschreibweise
a)	$(3x^2)^3 \cdot x^{-\frac{2}{3}} = 27x^6 \cdot x^{-\frac{2}{3}} = 27 \cdot x^{\frac{16}{3}}$	$27\sqrt[3]{x^{16}}$
b)	$4x \cdot 3 \cdot \frac{1}{2} x^{\frac{1}{4}} = 6x \cdot x^{\frac{1}{4}} = 6x^{\frac{5}{4}}$	$4\sqrt{x^2} \cdot \sqrt[x]{3^x} \cdot \sqrt[4]{\frac{1}{16}x}$
c)	$x^{-7} \cdot y^{\frac{1}{5}} \cdot x^5 \cdot \frac{1}{y^{-3}} \cdot \frac{x^{-2}}{x^{-9}} = x^5 \cdot y^{\frac{16}{5}}$	$x^5 \cdot \sqrt[5]{y^{16}}$
d)	$x^{\frac{12}{3}} \cdot x^{\frac{1}{2}} \cdot x^{\frac{5}{12}} = x^{\frac{59}{12}}$	$\sqrt[3]{x^{12}} \cdot \sqrt{x} \cdot \sqrt[12]{x^5}$

1,5 Punkte je richtiger Umwandlung; insgesamt 6 Punkte

Aufgabe 4

a) $f(x) = 3x^2 - 12x - 27$

$-2{,}5 = 3x^2 - 12x - 27 \quad |:3$

$-\frac{5}{6} = x^2 - 4x - 9$

$0 = x^2 - 4x - 9 + \frac{5}{6} \quad$ |pq-Formel

$x_1 = 5{,}58 \quad x_2 = -1{,}58$

$P_1(5{,}58|-2{,}5) \quad P_2(-1{,}58|-2{,}5)$

b) $f(x) = x^{21} \cdot x^{\frac{3}{5}} \cdot x^{\frac{7}{2}}$

$f(x) = x^{\frac{251}{10}}$

$x = 1 \quad P(1|1)$

c) $f(x) = 12x^8 + 15x^{-4} - 15 - 15x^{-4} - 12x^8 - 4 + 12x^5$

$f(x) = \quad 12x^5 - 19$

$x_1 = 1{,}28 \quad P(1{,}28|22)$

je Teilaufgabe 1 Punkt für das Vereinfachen und 1 Punkt für das Lösen der Gleichung; insgesamt 2 Punkte pro Aufgabenteil

Aufgabe 5

a) $368 = 5{,}26t^2 \quad \rightarrow t = 8{,}36$

Ansatz 0,5 Punkte; Berechnung 1 Punkt; insgesamt 1,5 Punkte

b) $s_2 = 0{,}11t^3$ $368 = 0{,}11t^3$ $\rightarrow t = 14{,}96$

Ansatz 0,5 Punkte; Berechnung 1 Punkt; insgesamt 1,5 Punkte

c)

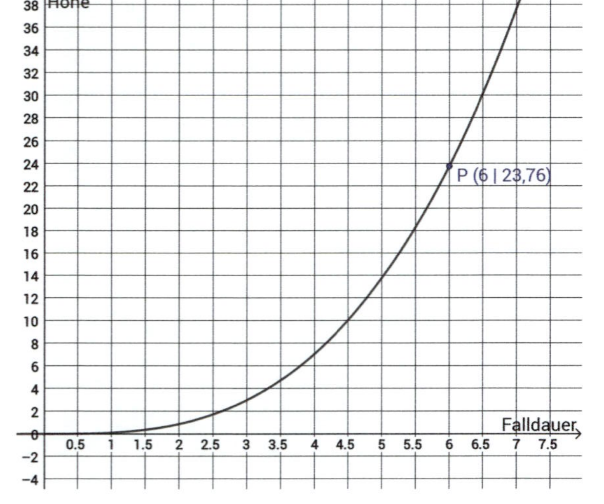

2 Punkte

d) Die Behauptung ist falsch. Je länger die Fallstrecke ist, desto größer wird die Abweichung zwischen den Berechnungen. Bei einer kurzen Fallstrecke bleibt der Einfluss des Luftwiderstands noch gering. Mit jedem weiteren Meter der Fallstrecke ist der Stein mit Luftwiderstand langsamer und es erhöht sich die Abweichung.

1 Punkt

Lösungen Oberthema B

Klassenarbeit 2

Aufgabe 1

a)

1. $x^0 \cdot x^{-2} \cdot x^2 = 1$
2. $x \cdot y^{\frac{32}{5}}$
3. $t^{-8} \cdot t^{\frac{1}{2}} \cdot t^1 \cdot a^{-3} \cdot a^{\frac{6}{2}} = t^{-6,5} \cdot a^0 = t^{-6,5}$

1 Punkt je richtig vereinfachten Term; insgesamt 3 Punkte

b)

1. Vereinfachen: $y^{14} \cdot y^{\frac{1}{4}} = y^{\frac{57}{4}}$

   Berechnen: $y^{\frac{57}{4}} = 56 \rightarrow y = 1{,}32$

2. Vereinfachen: $3x \cdot \left(-2x^{-2}\right) \cdot \left(-3x^7\right) \rightarrow 18x^6$

   Berechnen: $18x^6 = 16 \rightarrow x^6 = \frac{8}{9} \rightarrow x = 0{,}98$

3. Vereinfachen: $\frac{\left(x^{\frac{6}{4}} \cdot x^0 \cdot x^{\frac{4}{2}}\right)}{x^{\frac{1}{8}}} = x^{\frac{6}{4}} \cdot x^0 \cdot x^{\frac{4}{2}} \cdot x^{-\frac{1}{8}} = x^{\frac{27}{8}}$

   Berechnen: $x^{\frac{27}{8}} = 18{,}6 \rightarrow x = 2{,}38$

Je Gleichung 1 Punkt für das Vereinfachen und 0,5 Punkte für die richtige Lösung; insgesamt 4,5 Punkte

Aufgabe 2

a)

$24x^2 - \frac{5}{3} = 21x + 18x^2 + 3x - \frac{12}{7}$ $6x^2 - 24x + \frac{1}{21} = 0$ $x^2 - 4x + \frac{1}{126} = 0$ |pq-Formel

$x_1 \approx 0$ $x_2 \approx 4$

1 Punkt für das Vereinfachen; 1,5 Punkte für das Lösen; insgesamt 2,5 Punkte

b) $15x^2+30x^{-10}-32{,}5x-15=12x^2+30x^{-10}$

$3x^2-32{,}5x-15=0\ x^2-\frac{65}{6}-5=0$ |pq-Formel

$x_1\approx-0{,}44$ $x_2\approx11{,}28$

1,5 Punkt für das Vereinfachen; 1,5 Punkte für das Lösen; insgesamt 3 Punkte

Aufgabe 3

a)

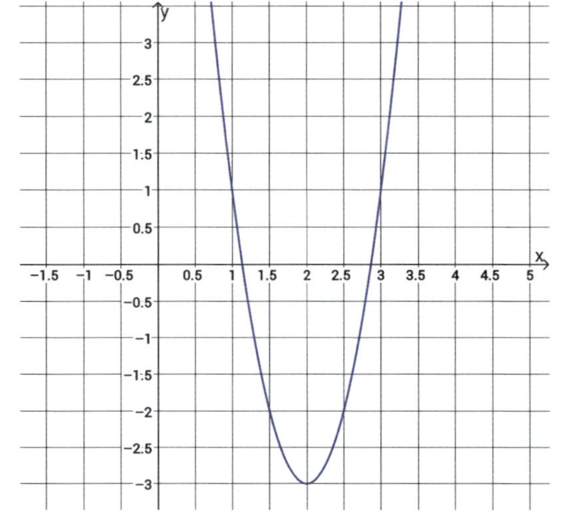

2 Punkte für den richtig eingezeichneten Graphen

b) $f(x)=4(x-2)^2-3$

1 Punkt für die richtige Scheitelpunktform

c) $f(x)=4x^2-16x+13$

1 Punkt für die richtige Umformung

d) $2{,}8=4x^2-16x+13$

$0=4x^2-16x+10{,}2$

$0=x^2-4x+\frac{51}{20}$ | pq-Formel

$x_1\approx3{,}2$ $x_2\approx0{,}8$

Zum y-Wert 2,8 gehören zwei x-Werte, sodass es zwei Punkte gibt:

$P_1(3{,}2|2{,}8)$ und $P_2(0{,}8|2{,}8)$

0,5 Punkte für den Ansatz; jeweils 0,5 Punkte pro richtigen x-Wert; insgesamt 1,5 Punkte

e) Damit der Funktionsverlauf flacher wird, muss der Streckfaktor kleiner werden (bzw. gegen Null gehen). Eine Parabel mit einem negativen Streckfaktor ist nach unten geöffnet.

1 Punkt für die richtige Antwort

Aufgabe 4

a) Funktionsgleichung 1 umformen in die Normalform:

$f(x)=-\frac{7}{10}x^2+\frac{28}{5}x-\frac{11}{5}$

1 Punkt für Umformung

Gleichsetzen der Funktionsgleichungen und nach x auflösen:

$-\frac{7}{10}x^2+\frac{28}{5}x-\frac{11}{5}=\frac{5}{2}x^2-30x+88$

$-\frac{16}{5}x^2+\frac{178}{5}x-\frac{451}{5}=0$

$x^2-\frac{89}{8}x+\frac{451}{16}=0$ | pq-Fomel

$x_1=3{,}9$ $x_2=7{,}2$

Ansatz Gleichsetzen 0,5 Punkte; Berechnung Schnittpunkte 1,5 Punkte; insgesamt 2 Punkte

b) Zwei unterschiedliche Parabeln mit demselben Scheitelpunkt haben immer genau einen Schnittpunkt. Am Scheitelpunkt berühren sie sich, danach steigt eine der Parabeln stärker als die andere und sie berühren sich nicht mehr. Die Parabel mit der starken Steigung liegt„im Inneren" der anderen Parabel. Sind die Parabeln in verschiedene Richtungen geöffnet, berühren sie sich ebenfalls nur genau am Scheitelpunkt und erstrecken sich dann in entgegengesetzte Richtungen.

1,5 Punkte für Antwort mit Erklärung

Aufgabe 5

a) $18 = 10 + 14(x-6)^{-0,2}$

$8 = 14(x-6)^{-0,2}$

$\frac{4}{7} = (x-6)^{-0,2}$

$\left(\frac{4}{7}\right)^{-5} = x-6$

$x = 22,41$

Nach ca. 22 Monaten sind nur noch 18 Kilotonnen Sand am Strand vorhanden.

Ansatz 0,5 Punkte; Berechnung 1 Punkt; insgesamt 1,5 Punkte

b)

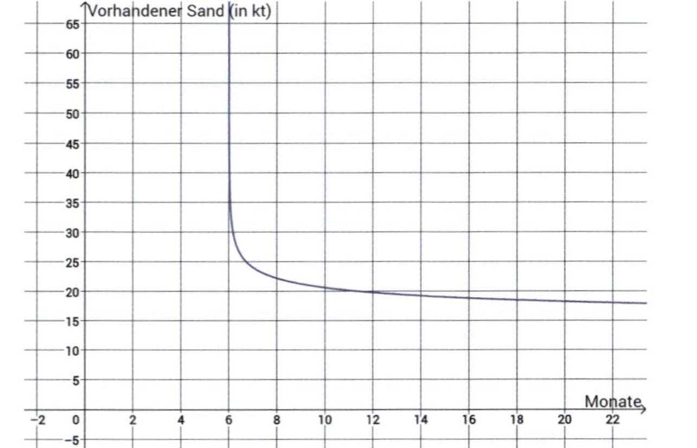

2 Punkte für den richtig eingezeichneten Graphen

c) $11 = 10 + t(8-6)^{-0,2}$

$1 = t(2)^{-0,2}$

$t = 1,15$

Ansatz 0,5 Punkte; Berechnung 0,5 Punkte; insgesamt 1 Punkt

d) Damit das langsamere Abtragen berücksichtigt wird, muss sich der Parameter b verringern und der Parameter t müsste steigen. Langfristig nähert sich die Funktion immer weiter gegen 10 an. Grenzwert sind somit 10 Kilotonnen Sand.

Pro Parameter 0,5 Punkte; für den Grenzwert 0,5 Punkte; insgesamt 1,5 Punkte

Lösungen Oberthema C

Klassenarbeit 1

Aufgabe 1

a) 1. $x = 1024$

2. $x = 3,79$

1 Punkt pro Rechnung; insgesamt 2 Punkte

b) 1. $c = 1,34$

2. $x = 1,0679$

1 Punkt pro Rechnung; insgesamt 2 Punkte

c) 1. $\log_x 4^7 = 3$

$\log_x 16384 = 3$

$x = 25,398$

2. $2\log_{\frac{4}{5}} x = \frac{4}{3}$

$\log_{\frac{4}{5}} x = \frac{2}{3}$

$x = 0,862$

1 Punkt pro Rechnung; insgesamt 2 Punkte

d) $6x^2 + 1 = 7^4$

$6x^2 + 1 = 2401$

$6x^2 = 2400$

$x^2 = 400$

$x_{1,2} = \pm 20$

1 Punkt für die Umformung, 0,5 Punkte für das Ergebnis; insgesamt 1,5 Punkte

e) 1. $y = 23^x \rightarrow f^{-1}(x) = \log_{23} y$

2. $y = 2\log_{0,32} x \rightarrow f^{-1}(x) = 0,32^{\frac{y}{2}}$

1 Punkt pro Rechnung; insgesamt 2 Punkte

Aufgabe 2

a) $\log_2 4x^4$

b) $\log\ 3x \cdot \log\ (9x^2 - 49)$

c) $\log_5 \frac{x}{3} + \log_x 7$

1,5 Punkte pro Rechnung; insgesamt 4,5 Punkte

Aufgabe 3

a)

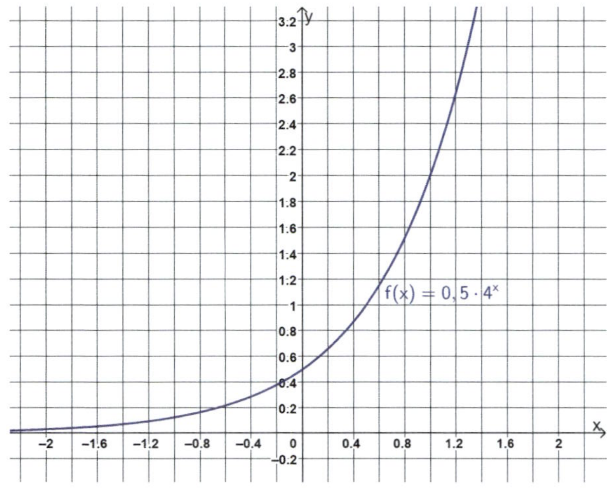

2,5 Punkte für richtigen Graph in Koordinatensystem

b) Ein negativer Exponent würde dazu führen, dass der Graph an der y-Achse gespiegelt wird.

1 Punkt für Antwort mit Erklärung

Aufgabe 4

a) Nach 9 Tagen sind lediglich 22 % der Ausgangsmenge vorhanden, daher gilt für die Abnahme der

9 Tage: $a_9 = \frac{11}{50}$

Abnahmefaktor pro Tag:

$(a_1)^9 = a_9 \quad |\sqrt[9]{\ }$

$a_1 = \sqrt[9]{\frac{11}{50}} \quad a_1 \approx 0,845$

Die Zerfallsfunktion lautet:

$f(x) = 56 \cdot 0,845^x$

Ansatz 1 Punkt; richtige Funktionsgleichung 1 Punkt; insgesamt 2 Punkte

b) $f(x) = 5 = 56 \cdot 0,845^x$

$\frac{5}{56} = 0,845^x$

$\log_{0,845}\left(\frac{5}{56}\right) = x$

$x \approx 14,34$

Nach ca. 14,3 Tagen sind noch 5 mg der ursprünglichen Substanz vorhanden.

Ansatz 1 Punkt; Berechnung 0,5 Punkte; insgesamt 1,5 Punkte

c) Wenn die Halbwertszeit abgelaufen ist, liegen nur noch 50% der Menge der ursprünglichen Substanz vor, daher Anfangsmenge halbieren:

$f(x) = \frac{56}{2} = 28\text{mg}$

$28 = 56 \cdot 0,845^x$

$\frac{28}{56} = 0,845^x$

$x \approx 4,12$

Die Halbwertszeit der vorliegenden Substanz liegt bei ca. 4,12 Tagen.

Ansatz 0,5 Punkte; Berechnung 0,5 Punkte; insgesamt 1 Punkt

d)

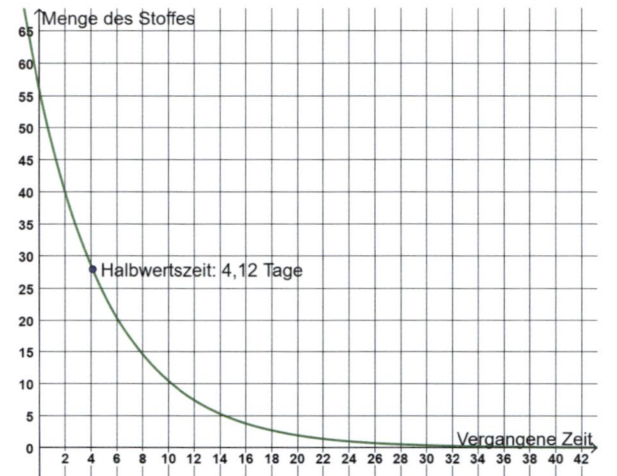

Richtig gezeichneter und beschrifteter Graph geben 1,5 Punkte; 0,5 Punkte für das Einzeichnen der Halbwertszeit; insgesamt 2 Punkte

Aufgabe 5

a) $2000 = 1200 \cdot 1{,}062^x$

$\frac{5}{3} = 1{,}062^x \mid \log_{1{,}062} \frac{5}{3}$

$x = 8{,}49$

Max müsste ca. 8,5 Jahre warten, bis sein Kapital 2.000€ beträgt.

Ansatz 1 Punkt; Berechnung 0,5 Punkte; insgesamt 1,5 Punkte

b) Max: $y = 1200 \cdot 1{,}062^x$

Vicky: $y = 1600 \cdot 1{,}05^x$

Gleichsetzen der Gleichungen:

$1200 \cdot 1{,}062^x = 1600 \cdot 1{,}05^x \quad \frac{1{,}062^x}{1{,}05^x} = \frac{1600}{1200} \quad \left(\frac{177}{175}\right)^x = \frac{4}{3} \mid \log$

$x = \log_{\frac{177}{175}} \frac{4}{3}$

$x = 25{,}32$

x in Gleichung für Max/Vicky einsetzen:

$y = 1200 \cdot 1{,}062^{25{,}32} = 5503{,}69€$

Nach etwas mehr als 25 Jahren werden beide exakt gleich viel Geld auf ihrem Konto haben. Jeder von ihnen besitzt dann 5503,69€.

1 Punkt für den Ansatz; 1 Punkt für die Berechnung; insgesamt 2 Punkte

c) Formel für Zinseszins: $K_n = K_0 \cdot \left(1 + \frac{p}{100}\right)^n$

$1623{,}4 = K_0 \cdot \left(1 + \frac{p}{100}\right)^4$ mit $x = 1 + \frac{p}{100}$

$1623{,}4 = K_0 * x^4$

$1812{,}6 = K_0 \cdot \left(1 + \frac{p}{100}\right)^6$

$1812{,}6 = K_0 * x^6$

$K_0 = \frac{1623{,}4}{x^4}$ & $K_0 = \frac{1812{,}6}{x^6}$

Gleichsetzen:

$\frac{1623{,}4}{x^4} = \frac{1812{,}6}{x^6}$

$\frac{1812{,}6}{1623{,}4} = \frac{x^6}{x^4} \quad \rightarrow 1{,}12 = x^2 \quad \mid \sqrt{1{,}12}$

$x \quad 1{,}058$

Zinssatz ermitteln:

$1{,}058 = 1 + \frac{p}{100} \quad p = 5{,}8\%$

$K_0 = \frac{1623{,}4}{1{,}058^4} = 1295{,}64€$

Anna hat eine Summe in Höhe von 1295,64 € zu einem Zinssatz von 5,8 Prozent angelegt.

1 Punkt für den Ansatz; 1,5 Punkte für die Berechnung; insgesamt 2,5 Punkte

Lösungen Oberthema C

Klassenarbeit 2

Aufgabe 1

a) $\log_{10} a^{-1} + \log_{10} a - \log_{10} 2a^2$

$\log_{10} \frac{a^{-1} \cdot a}{2a^2}$

$\log_{10} \frac{a}{2a^2 \cdot a}$

$\log_{10} \frac{1}{2a^2}$

b) $\log_y \sqrt{4x} - (\log_y 4x^2 + \frac{1}{2}\log_y 2x)$

$\log_y \frac{\sqrt{4x}}{4x^2 \cdot \sqrt{2x}}$ $\log_y \frac{\sqrt{2}}{4x^2}$

c) $\log_c c \cdot (2\log_c x^2 - \frac{3}{5}\log_c 3x) + \log_c 1$

$1 \cdot (\log_c \frac{x^4}{\sqrt[5]{27x^3}}) + 0$

$\log_c \frac{x^4}{\sqrt[5]{27} \cdot x^{\frac{3}{5}}}$

$\log_c \frac{x^{\frac{17}{5}}}{\sqrt[5]{27}}$

1,5 Punkte pro Teilaufgabe; insgesamt 4,5 Punkte

Aufgabe 2

a) $4^{6x-56,5} = 128 \quad | \log$

$6x - 56,5 = 3,5$

$6x = 60$

$x = 10$

b) $6 \cdot \left(\sqrt{10}\right)^{5x-3} = 60 \quad | :6$

$\left(\sqrt{10}\right)^{5x-3} = \left(\sqrt{10}\right)^2 \quad | \log$

$5x - 3 = 2$

$5x = 5$

$x = 1$

c) $\log_6\left(\left(x+3\right)^2\right) = 2$

$(x+3)^2 = 6^2$ $(x+3)^2 = 36$ $x + 3 = \pm\sqrt{36}$

$x_1 = 3$ $x_2 = -9$

1,5 Punkte pro Teilaufgabe; insgesamt 4,5 Punkte

Aufgabe 3

a) Lösung:

$y = b \cdot a^x$

Gleichung 1: $6,2 = b \cdot a^4$

Gleichung 2: $4 = b \cdot a^2$

$b = \frac{4}{a^2}$ $6,2 = \frac{4}{a^2} \cdot a^4$ $6,2 = 4a^2$ $1,55 = a^2$ $a = 1,24$ (nur positives Ergebnis möglich, da a bei Exponentialfunktion nie negativ)

$b = \frac{4}{a^2} = 2,6$

Ansatz 1 Punkt; Berechnung 1,5 Punkte; insgesamt 2,5 Punkte

b) 1. P_1 in die Funktionsgleichung einsetzen und den Parameter a bestimmen:

$6,2 = 2 \cdot a^4$

$3,1 = a^4 \quad | \sqrt[4]{3,1}$

$a = 1,332$. Nun a sowie den bekannten Wert von P_2 in die Funktionsgleichung einsetzen

$6 = 3 \cdot 1,33^{x_{P2}}$ $2 = 1,33^{x_{P2}} \quad | \log_{1,33} 2$

$x_{P2} = 2,43$

Ansatz 0,5 Punkte; Berechnung 1 Punkte; insgesamt 1,5 Punkte

c) Ein negativer Exponent würde zu einer Spiegelung an der y-Achse führen.

1 Punkt

d) In diesem Fall würde eine Spiegelung an der x-Achse erfolgen.

1 Punkt

e) Bei einer Exponentialfunktion nähert sich der Graph asymptotisch dem Funktionswert 0 an, wenn der Parameter im Intervall $0 < a < 1$ liegt.

1 Punkt

Aufgabe 4

a) $42000 = 36000 \cdot 1,031^x$

$\frac{7}{6} = 1,031^x \mid \log$

$x = 5,05$

Nach etwa 5 Jahren beträgt der Bestand des Fichtenwaldes 42 000m².

1 Punkt für den Ansatz; 0,5 Punkte für die Berechnung; insgesamt 1,5 Punkte

b) $32000 = 24000 \cdot a^3$

$\frac{32000}{24000} = a^3 \quad \mid \sqrt[3]{\ }$

$a = 1,1006$

Die jährliche Zuwachsrate des Tannenwaldes beträgt 10,06%.

1 Punkt für den Ansatz; 0,5 Punkte für die Berechnung; insgesamt 1,5 Punkte

c) Funktion 1: $y = 36000 \cdot 1,031^x$

Funktion 2: $y = 24000 \cdot 1,1006^x$

Funktionsgleichungen gleichsetzen:

$36000 \cdot 1,031^x = 24000 \cdot 1,1006^x$

$1,5 = \frac{1,1006^x}{1,031^x}$

$1,5 = 1,0675^x \quad \mid \log$

$x = 6,21$

$y = 36000 \cdot 1,031^{6,21} \rightarrow y = 43524,17$

Gegenprobe:

$y = 24000 \cdot 1,1006^{6,21} \quad \rightarrow y = 43524,17$

Die Fläche wird jeweils 43.524 m^2 betragen.

1,5 Punkte für den Ansatz; 1,5 Punkte für die Berechnung der Fläche; insgesamt 3 Punkte

Aufgabe 5

a) a) Es handelt sich um exponentiellen Zerfall.

0,5 Punkte

b) $f(x) = 100 \cdot 0,9875^x$ $f(x) = 5 \quad \rightarrow \text{gesucht}$

$5 = 100 \cdot 0,9875^x \quad \mid :100 \mid \log$

$\log_{0,9875} 0,05 = 238,16$ Max würde nach ca. 238 Stunden wieder virenfrei sein. Dies entspricht nicht ganz 10 Tagen.

Hinweis: In der gesamten Aufgabe kann man die zu lösenden Gleichungen auch mit absoluten Zahlen aufstellen. Das Ergebnis wird gleich bleiben, z. B.: $67 = 1340 \cdot 0,9875^x$

1,5 Punkte für Gleichung; 0,5 Punkte für die Berechnung; insgesamt 2 Punkte

c) $f(x) = 100 \cdot x^{180}$ mit $f(x) = 5 \quad \rightarrow \text{gesucht}$

$5 = 100 \cdot x^{180}$ $0,05 = x^{180}$ $x = 0,9835$ $\quad 1 - 0,9835 = 0,0165$

Die Zerfallsrate pro Stunde würde in diesem Fall 1,65 % betragen.

1 Punkt für den Ansatz; 0,5 Punkte für die Berechnung; insgesamt 1,5 Punkte

d) $f(x) = 100 \cdot 0,9375^x$

$f(x) = 5 \quad \rightarrow \text{gesucht}$

$5 = 100 \cdot 0,9375^x$

$\log_{0,9375} 0,05 = 46,42$

In diesem Fall würde Max bereits nach 46,42 Stunden als virenfrei gelten. Das sind fast zwei Tage.

1 Punkt für den Ansatz; 0,5 Punkte für die Berechnung; insgesamt 1,5 Punkte

e)

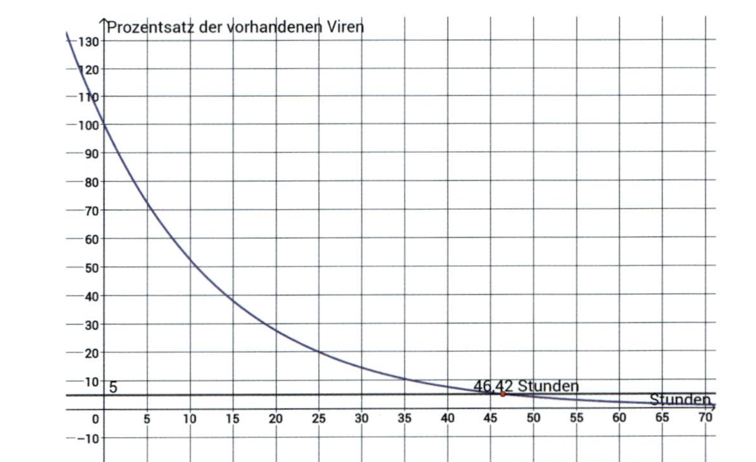

2 Punkte für Graph; 0,5 Punkte für das Einzeichnen des Punktes und der 5% Grenze; insgesamt 2,5 Punkte

Lösungen Oberthema D

Klassenarbeit 1

Aufgabe 1

a) Grüner Graph: $f(x) = 0.5\sin(2x) + 3$

Blauer Graph: $t(x) = \cos(0.5x) + 3$

Pro aufgestellter Funktionsgleichung 1,5 Punkte; insgesamt 3 Punkte

b)

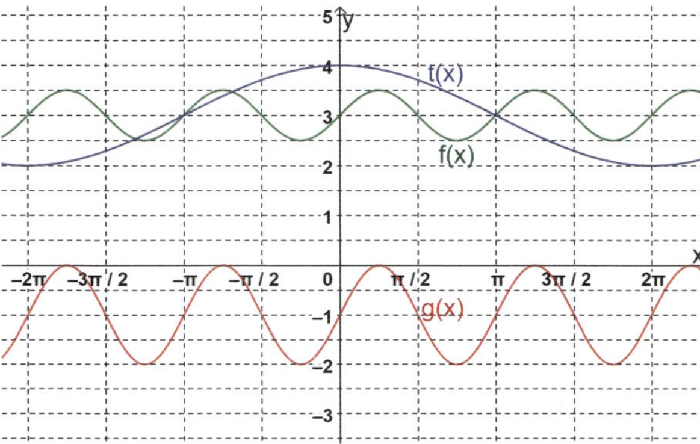

Roter Graph: $g(x) = \sin(2x) - 1$

1,5 Punkte für den richtig eingezeichneten Graphen

c) In diesem Fall würde die Funktion g(x) um eine halbe Periodenlänge verschoben werden bzw. an ihrer Mittelachse gespiegelt werden.

1 Punkt für die richtige Antwort

d) $g(x) = \cos\left(2\left(x - \frac{\pi}{4}\right)\right) - 1$

1 Punkt für die richtige Umformung

Aufgabe 2

	a)	b)	c)	d)	e)	f)
α	19,88°	128°	36,87°	$\frac{\pi}{4}$	113,58°	$\frac{3}{2}\pi$
sin(α)	0,34	0,79	0,6	0,71	0,92	-1
cos(α)	0,94	-0,62	0,8	0,71	-0,4	0

0,5 Punkte je korrekt ausgefülltem Feld

Aufgabe 3

a)

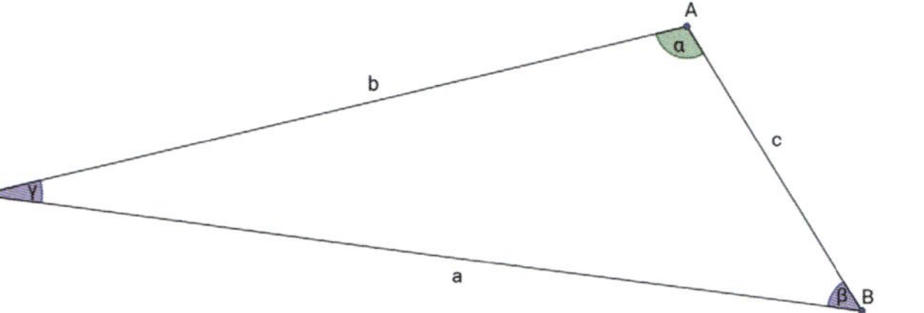

0,5 Punkte für richtige Winkel und Eckpunkte; 0,5 Punkte für richtige Seiten; insgesamt 1 Punkt

b) Seite a:

Kosinussatz: $a = \sqrt{b^2 + c^2 - 2bc \cdot \cos\alpha}$

$a = \sqrt{6,4^2 + 8,2^2 - 2 \cdot 6,4 \cdot 8,2 \cdot \cos 106°}$

$a \approx 11,71\text{cm}$

1 Punkt für Anwendung des Kosinussatzes, 0,5 Punkte für Ergebnis; insgesamt 1,5 Punkte

Winkel β:

$b^2 = a^2 + c^2 - 2ac \cdot \cos\beta$

$b^2 - a^2 - c^2 = -2ac \cdot \cos\beta$

$\frac{b^2 - a^2 - c^2}{-2ac} = \cos\beta$

$\frac{6,4^2 - 11,71^2 - 8,2^2}{-2 \cdot 11,71 \cdot 8,2} \approx 0,8509$

$\cos^{-1} 0,8509 \approx 31,69°$

$\beta \approx 31,69°$

1 Punkt für Anwendung des Kosinussatzes, 0,5 Punkte für Ergebnis; insgesamt 1,5 Punkte

$\gamma = 180° - 106° - 31,69° \approx 42,31°$

1 Punkt für Winkelsummen-satz / Ergebnis

c) Bestimmung der Höhe:

$h_a = b \cdot \sin\gamma$

$h_a = 6,4 \cdot \sin 42,31$

$h_a \approx 4,31$

Flächeninhalt berechnen:

$A = \frac{a \cdot h_a}{2}$ $A = \frac{11,71 \cdot 4,31}{2} \approx 25,24\text{m}^2$

Ansatz 0,5 Punkte; Höhe 1 Punkt; Flächeninhalt 1 Punkt; insgesamt 2,5 Punkte

d) In diesem Fall wäre die Seite b die Hypotenuse, a wäre die Ankathete zu γ und c wäre die Gegenkathete zu γ.

1 Punkt für die richtige Antwort

e) $\tan\gamma = \frac{\text{Gegenkathete}}{\text{Ankathete}}$

$\tan\gamma = \frac{8,2}{7,6} = \frac{41}{38} \quad \tan^{-1}\frac{41}{38} \approx 47,17° = \gamma$

1 Punkt für Berechnung von γ

$\alpha = 180 - 90 - 47,17° \approx 42,83°$

0,5 Punkte für Berechnung von α

$b = \sqrt{c^2 + a^2}$

$b \approx 11,18$

0,5 Punkte für Berechnung von b

Aufgabe 4

a)

$$a = \frac{22\ \text{m} - (-22\ \text{m})}{2} = 22\text{m}$$

0,5 Punkte

$d = 22\ \text{m} - 22\ \text{m} = 0\text{m}$

0,5 Punkte

Die Zeit von einer Auslenkung zur nächsten entspricht der halben Periodenlänge.
Die Gesamte Periodenlänge beträgt also $2 \cdot 8\text{sek} = 16\ \text{sek}$.

$\omega = \frac{2\pi}{16\ \text{sek}} = \frac{\pi}{8}\ \frac{1}{\text{sek}}$

1 Punkt

Für t_0: Ausgehend von einer gestauchten Sinusfunktion liegt der nächste Tiefpunkt genau eine Viertel Periodenlänge (4 sek) links vom Ursprung. Daraus folgt eine Verschiebung um $t_0 = 4\text{sek}$.

1 Punkt

Final: $a(t) = 22 \cdot \sin\left(\frac{\pi}{8} \cdot \frac{1}{\text{sek}} \cdot (t - 4\ \text{sek})\right) + 0$

(insgesamt 3 Punkte auf die richtige Funktion)

b) Vorher 2 Hochpunkte, jetzt 5 Hochpunkte:

Zeit von einer Auslenkung zur nächsten (halbe Periodenlänge): $\frac{8\ \text{s}}{2,5} = 3,2\ \text{s}$

Gesamte Periodenlänge: $T = 2 \cdot 3,2 = 6,4$ Sekunden

1 Punkt für Ansatz, 0,5 Punkte für Berechnung der neuen Periodenlänge; insgesamt 1,5 Punkte

c)

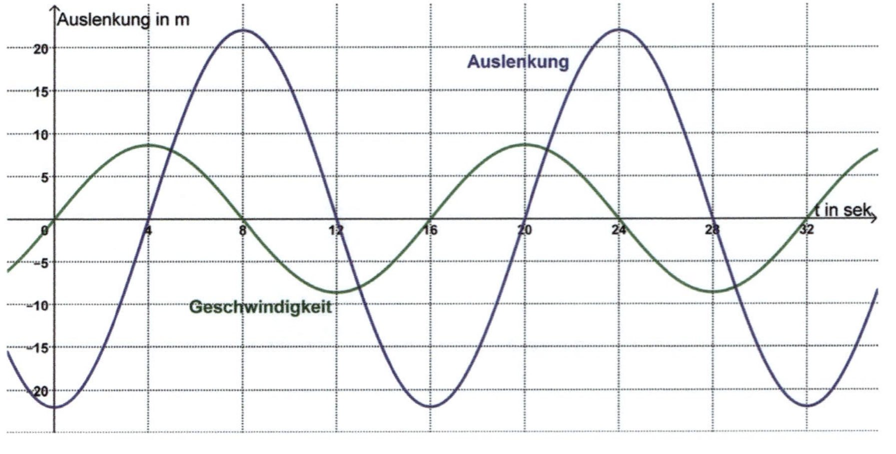

1,5 Punkte für die Auslenkung;
1 Punkt für die Geschwindigkeit; insgesamt 2,5 Punkte

Lösungen Oberthema D

Klassenarbeit 2

Aufgabe 1

a)

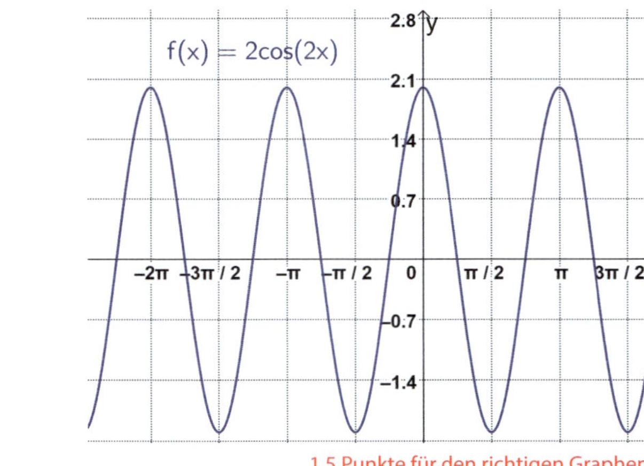

1,5 Punkte für den richtigen Graphen

b) $1{,}4 = 2\cos(2x)$ → $x = 0{,}8$

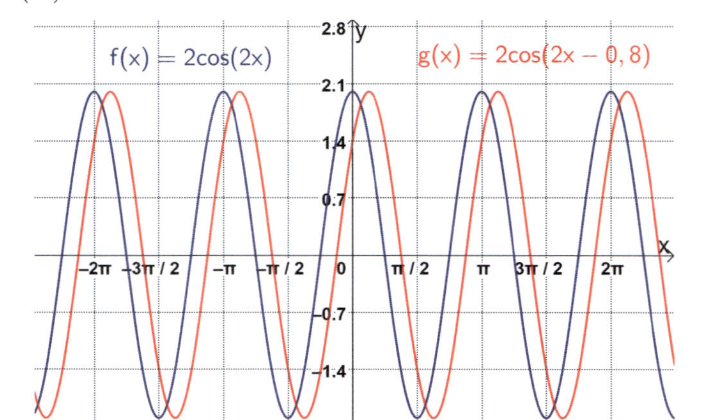

1,5 Punkte für den richtigen Graphen

c) $g(x) = 2\cos(2x - 0{,}8)$

1 Punkt für die richtige Funktionsgleichung

Aufgabe 2

	a	b	c	α	β	γ
a)	6,73	4,2	7,93	58°	32°	90°
b)	20,67	5	20,06	90°	14°	76°
c)	6,74	8,2	6	54°	79,9°	46,1°

Pro Teilaufgabe 2 Punkte; insgesamt 6 Punkte

Aufgabe 3

a)

1. $f(x) = 4 \cdot \cos\left(0{,}6\left(x - \frac{\pi}{2} - \frac{5\pi}{6}\right)\right) + 3$

2. $f(x) = -\cos\left(4\left(x + \frac{1}{2} - \frac{\pi}{8}\right)\right)$

3. $f(x) = 0{,}7\sin\left(x + \frac{\pi}{4} + \frac{\pi}{2}\right) - 4$

Pro Umformung 1 Punkt; insgesamt 3 Punkte

b) $a = \frac{6-(-1)}{2} = 3{,}5 \quad d = 6 - 3{,}5 = 2{,}5$

$b = \frac{2\pi}{p} \qquad p = 2 \cdot \frac{\pi}{3} \quad \rightarrow \quad b = \frac{2\pi}{\left(\frac{2\pi}{3}\right)} = 3$

$f(x) = 3{,}5 \cdot \sin\left(3\left(t - \frac{\pi}{6}\right)\right) + 2{,}5$

2,5 Punkte für die richtige Funktionsgleichung

c) Da der Kosinus eine um $\frac{\pi}{2}$ verschobene Sinusfunktion ist, daher liegt der erste Schnittpunkt genau mittig zwischen 0 und $\frac{\pi}{2}$. Der nächste Schnittpunkt folgt eine halbe Periodenlänge (also π) später. Beide Funktionen weisen also im Intervall von $0 < x < 2\pi$ bei $x = \frac{\pi}{4}$ und $x = \frac{5\pi}{4}$ dieselben Werte auf.

Ansatz 0,5 Punkte; Lösungen je 0,5 Punkte; insgesamt 1,5 Punkte

Aufgabe 4

a)

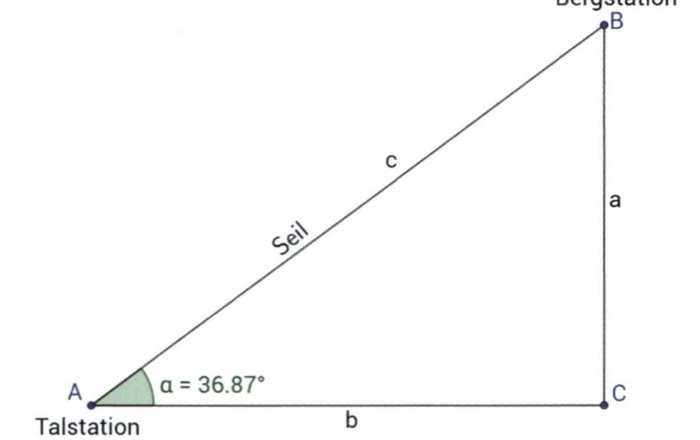

1 Punkt für die Skizze mit Beschriftung

b) $a = 1540\text{ m} - 340\text{ m} = 1200\text{ m}$

$\alpha = 36{,}87°$

$\sin\alpha = \frac{\text{Gegenkathete}}{\text{Hypotenuse}} = \frac{a}{c}$

$\sin(36{,}87°) = \frac{1200\text{ m}}{c}$

$\frac{1200\text{ m}}{\sin(36{,}87°)} = c$

$c \approx 2000\text{ m}$

Das Seil müsste 2 km lang sein.

1 Punkt für Ansatz, 0,5 Punkte für Berechnung; insgesamt 1,5 Punkte

c) $a = 1200 \quad c = 1600$

$\sin\alpha = \frac{1200}{1600} = \frac{3}{4}$

$\arcsin\left(\frac{3}{4}\right) \approx 48{,}59$

In diesem Fall müsste die Bahn mit einer Neigung von 48,59° fahren.

1 Punkt für Ansatz, 0,5 Punkte für Berechnung; insgesamt 1,5 Punkte

Aufgabe 5

a) Bestimmung des Nullniveaus:

Höhe: 30m Durchmesser: 22m Radius: 11m = a

Nullniveau: $30 - 22 + 11 = 19\text{m} = d$

Für a und d je 0,5 Punkte; insgesamt 1 Punkt

Da eine Umdrehung 2 Minuten dauert, beträgt die Periodendauer ebenfalls 2 Minuten.

$\omega = \frac{2\pi}{2\text{min}} = \pi\frac{1}{\text{min}}$

1 Punkt für ω

Funktionsterm für die Höhe der Schaufel zum Zeitpunkt „t“:

$f(x) = 11\text{m}\cdot\sin\left(\pi\frac{1}{\text{min}}\cdot t\right) + 19\text{m}$

1 Punkt für vollständige Funktion; insgesamt 3 Punkte

b) Sekunden in Minuten umrechnen: $\frac{42}{60} = \frac{7}{10}\text{min}$

$f\left(\frac{7}{10}\right) = 11\cdot\sin\left(\pi\cdot\frac{7}{10}\right) + 19 \approx 19{,}42\text{m}$

Nach 42 Sekunden befindet sich die Schaufel in einer Höhe von 19,42 Metern.

Ansatz 0,5 Punkte; Berechnung 1 Punkt; insgesamt 1,5 Punkte

c) $23 = 11\sin(\pi\cdot t) + 19$

$\frac{4}{11} = \sin(\pi\cdot t)$

$\sin^{-1}\frac{4}{11} = \pi\cdot t$

$0{,}372 = \pi\cdot t$

$t \approx 0{,}118\text{ min} = 7{,}08\text{s}$

Die Schaufel würde nach 7,08 Sekunden eine Höhe von 23 Metern erreicht haben.

Ansatz 0,5 Punkte; Berechnung 1 Punkt; insgesamt 1,5 Punkte

Aufgabe 6

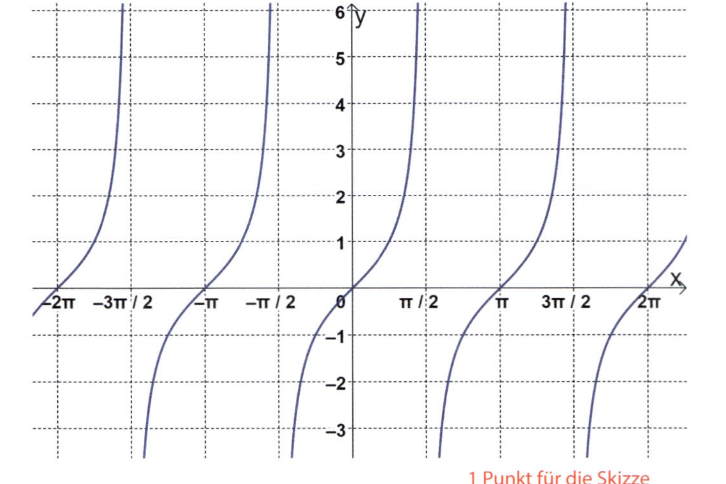

1 Punkt für die Skizze

Die Definitionslücken liegen z.B. bei: $-\frac{3\pi}{2}, -\frac{\pi}{2}, \frac{\pi}{2}, \frac{3\pi}{2}$

1 Punkt für die Definitionslücken

Erklärung:

Es gilt $\tan(x) = \frac{\sin(x)}{\cos(x)}$; Die Definitionslücken des Tangens sind die Nullstellen des Kosinus. Wenn $\cos(x) = 0$ vorliegt, wird durch 0 geteilt und die Funktion ist nicht definiert. Das gilt also für $\frac{\pi}{2}, \frac{3\pi}{2}, \frac{5\pi}{2}, \ldots$

1 Punkt für die Erklärung

Klassenarbeit 1

Aufgabe 1

a) $f(x) = 3x^5$ = orangener Graph

$g(x) = 2x^6$ = roter Graph

$h(x) = x^4 - 4x^3 + x^2 + 6x$ = blauer Graph

$t(x) = -0{,}2x^3$ = grüner Graph

Pro richtig zugeordnetem Graphen 1 Punkt; insgesamt 4 Punkte

b) Die Ableitung ist: $g'(x) = 12x^5$

(zur Übersichtlichkeit hier in neues Koordinatensystem gezeichnet)

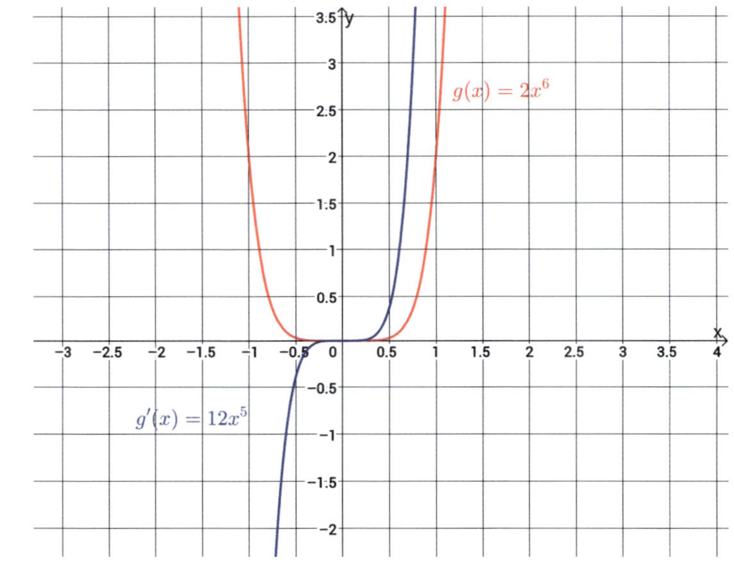

Ableitung 0,5 Punkte; Skizze 1 Punkt; insgesamt 1,5 Punkte

c) $0 = x^4 - 4x^3 + x^2 + 6x$

Nullstelle 1 (x ausklammern): $x_{0,1} = 0$

1 Punkt

Zweite Nullstelle schätzen: $x_{0,2} = -1$

$(x^3 - 4x^2 + x + 6) : (x+1)$

1 Punkt

Polynomdivision ergibt:

$(x+1) \cdot (x^2 - 5x + 6)$

1,5 Punkte

p-q-Formel: $x_{0,3} = 2$ und $x_{0,4} = 3$

1 Punkt

d) Bei $s(x)$ handelt es sich um eine nach unten geöffnete Parabel, die um +2 nach oben verschoben ist. Dadurch ergibt sich, dass t(x) im zweiten und vierten Quadranten geschnitten wird, da t(x) auch nur in diesen Quadranten vorliegt.

1,5 Punkte für die richtige Antwort mit Begründung

Aufgabe 2

a) $f'(x) = -\frac{9}{2}x^8 + 24x$

b) $f'(x) = 48x^5 + 0{,}9x^{-4} - 3x^2$

1 Punkt je Ableitung für a) und b); insgesamt 2 Punkte

c) $f'(x) = 4x^3 + 4x^{-3} + \frac{5}{3}x^{\frac{2}{3}}$

d) $f'(x) = -\frac{3}{x^4} + 0{,}12x^{-\left(\frac{3}{5}\right)}$

1,5 Punkte je Ableitung für c) und d); insgesamt 3 Punkte

Aufgabe 3

a) $m_s = \frac{f(1) - f(0{,}6)}{1 - 0{,}6} = \frac{6 - (1{,}62)}{0{,}4} = 10{,}95 \text{km/h}$

Ansatz 0,5 Punkte; Sekantensteigung 1 Punkt; insgesamt 1,5 Punkte

b) $g'(x) = 15{,}2x^3 + 3x^2 - \frac{8}{5}x + 2$

$g'(x = 0{,}5) = 15{,}2 \cdot 0{,}5^3 + 3 \cdot 0{,}5^2 - \frac{8}{5} \cdot 0{,}5 + 2 = 3{,}85 \text{km/h}$

Ableitung 1 Punkt, Berechnung 0,5 Punkte; insgesamt 1,5 Punkte

c) $0 = 3{,}8x^4 + x^3 - 0{,}8x^2 + 2x$

Nullstelle 1: $x_{0,1} = 0$

$0 = 3{,}8x^3 + x^2 - 0{,}8x + 2$

Zweite Nullstelle schätzen: $x_{0,2} = -1$

$(3{,}8x^3 + x^2 - 0{,}8x + 2) : (x+1)$

Polynomdivision ergibt:

$(x+1) \cdot (3{,}8x^2 - 2{,}8x + 2)$

p-q-Formel: nicht lösbar

Es gibt nur zwei Nullstellen: $x_{0,1} = 0$ und $x_{0,2} = -1$

Ansatz 0,5 Punkte; zweite Nullstelle 0,5 Punkte; Polynomdivision 1,5 Punkte; insgesamt 2,5 Punkte

Aufgabe 4

a) Volumen einer Kiste allgemein: $V = a \cdot b \cdot h$

$h = x$

$a = b = \sqrt{36} - 2x = 6\text{cm} - 2x$

$V = (6 - 2x) \cdot (6 - 2x) \cdot x$

$V(x) = (36 - 24x + 4x^2) \cdot x$

$V(x) = 4x^3 - 24x^2 + 36x$

Ansatz 1 Punkte; 1,5 Punkte für die richtig aufgestellte Funktionsgleichung; insgesamt 2,5 Punkte

b) Der Grad des Polynoms beträgt 3, daher liegen maximal 3 Nullstellen (0,5 Punkte), sowie maximal 2 Hoch-/Tiefpunkte vor (0,5 Punkte). Da sowohl gerade, als auch ungerade Exponenten vorhanden sind, liegt keine Punkt-/Achsensymmetrie vor (0,5 Punkte). Der y-Achsenschnittpunkt liegt im Koordinatenursprung (0,5 Punkte). Für $x \to -\infty$ wird der Graph negativ und für $x \to +\infty$ verläuft er positiv (0,5 Punkte).

Insgesamt 2,5 Punkte für die vollständige Beschreibung

c) $V'(x)=12x^2-48x+36$

$V'(2)=12\cdot 2^2-48\cdot 2+36=-12$

Die Tangentensteigung an der Stelle $x=2$ beträgt -12.

Ableitung 1 Punkt, Berechnung 0,5 Punkte; insgesamt 1,5 Punkte

d) Es handelt sich um ein Polynom des dritten Grades, da mit der Funktion ein Volumen angegeben wird, das sich aus der Multikplikation dreier Seitenlängen ergibt. Volumina werden für dreidimensionale Objekte angegeben und haben auch bei physikalischen Einheiten wie m^3 (Kubikmeter) oder cm^3 (Kubikzentimeter) diese Potenz.

0,5 Punkte Angabe des Grades; 1 Punkt für die Begründung; insgesamt 1,5 Punkte

Lösungen Oberthema E

Klassenarbeit 2

Aufgabe 1

a) $h'(x)=3{,}5x^6-8x+3$

b) $f'(x)=-52x^{-5}-\frac{2}{x^2}-1$

c) $g'(x)=0.3x^{-0.7}+11x^{10}$

d) $p'(x)=2.5x^{-\frac{1}{2}}-4x^{-5}-\frac{7}{5}x^{\frac{11}{3}}$

Pro Ableitung 1 Punkt; insgesamt 4 Punkte

Aufgabe 2

a) Umformung der dritten Funktion:

$36x^4+64x^31+9x^2-32x$

1 Punkt für die Umformung

	1.)	2.)	3.)
Symmetrieverhalten	**punktsymmetrisch**	**achsensymmetrisch**	**keine**
Grenzverhalten $x\to-\infty$	-	-	+
Grenzverhalten $x\to+\infty$	+	-	+
Anzahl mögl. Nullstellen	**5**	**8**	**4**
Anzahl mögl. Extremstellen	**4**	**7**	**3**
Schnittpunkt mit y-Achse	**2**	**0**	**0**

Pro korrekt ausgefüllter Spalte 2 Punkte

b) $f(x)=-x^6-3$

Richtige Lösung 1,5 Punkte

c) $a>0$; $n=$ gerade Zahlen

Richtige Lösung 1 Punkt

Aufgabe 3

a)

1.

$$0 = x^3 + 3x^2 + 2x$$

Erste Nullstelle ablesen: $x_{0,1} = 0$

$$x^2 + 3x + 2 = 0$$

pq-Formel: $x_{0,2} = -2$ und $x_{0,3} = -1$

Ansatz 0,5 Punkte; pq-Formel 1,5 Punkte; insgesamt 2 Punkte

2.

$$0 = x^3 + \frac{6}{5}x^2 - \frac{48}{5}x + \frac{32}{5}$$

Erste Nullstelle schätzen: $x_{0,1} = 2$

$$\left(x^3 + \frac{6}{5}x^2 - \frac{48}{5}x + \frac{32}{5}\right) : (x-2)$$

Polynomdivision ergibt:

$$f_2(x) = (x-2) \cdot \left(x^2 + \frac{16}{5}x - \frac{16}{5}\right)$$

pq-Formel: $x_{0,2} = -4$ und $x_{0,3} = 0{,}8$

Ansatz 0,5 Punkte; Polynomdivision 1,5 Punkte; pq-Formel 1 Punkt; insgesamt 3 Punkte

b) $f(x) = (x-7)(x+2)(x-5)$

$f(x) = x^3 - 10x^2 + 11x + 70$

Ansatz 0,5 Punkte; Berechnung 1 Punkt; insgesamt 1,5 Punkte

b)

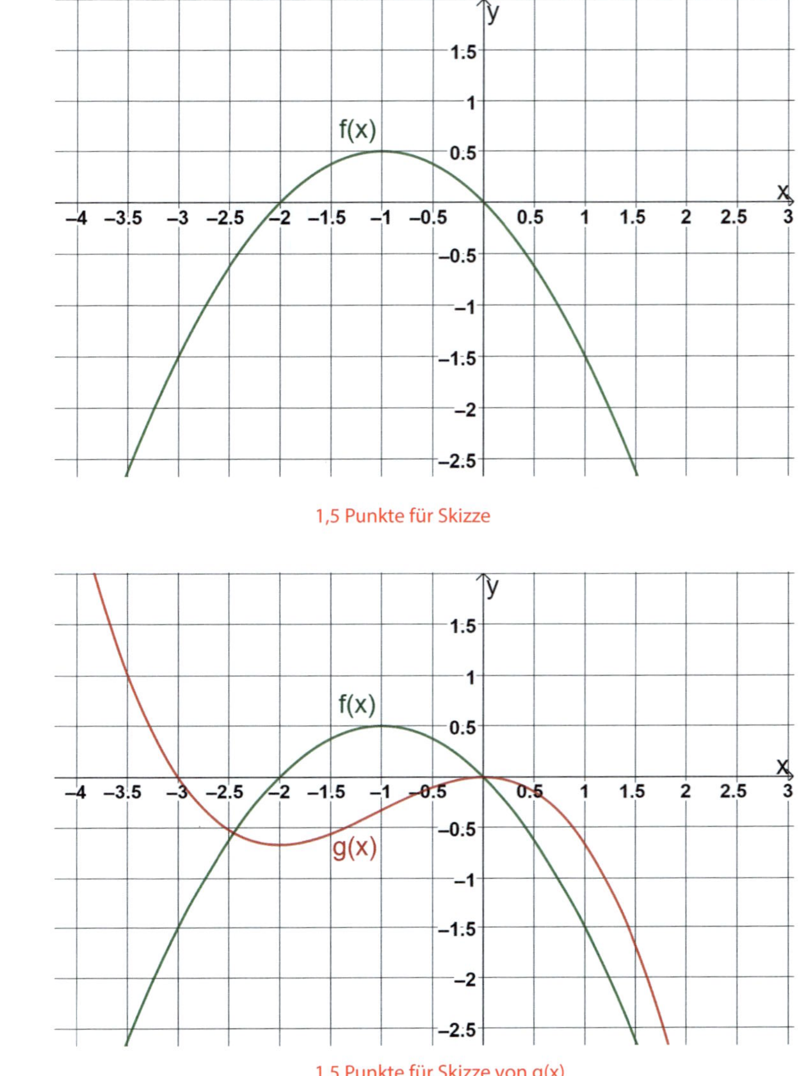

1,5 Punkte für Skizze

c)

1,5 Punkte für Skizze von g(x)

d) 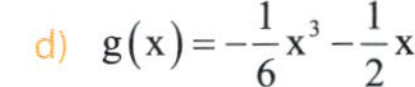 $g(x) = -\frac{1}{6}x^3 - \frac{1}{2}x^2$

1 Punkt

Aufgabe 4

a) Es entsteht eine Funktion zweiten Grades (Parabel).

1 Punkt

Aufgabe 5

a) $m_s = \frac{f(10)-f(0)}{10-0} = \frac{1012.89-1013}{10} = -\frac{11}{1000}$

Ansatz 1 Punkt, Berechnung 0,5 Punkte; insgesamt 1,5 Punkte

b) $f(x) = -\frac{1}{10000}x^3 - \frac{1}{1000}x + 1013$

$f'(x) = -\frac{3}{10000}x^2 - \frac{1}{1000}$

$f'(80) = -\frac{3}{10000}\cdot 80^2 - \frac{1}{1000}$

$f'(80) = -1,921$

In einer Höhe von 8000 Metern nimmt der Luftdruck um hpa pro 100m ab. Je höher das Flugzeug steigt, desto größer der Luftdruckabfall (bzw. desto stärker sinkt der Luftdruck).

Ableitung/Ansatz 1 Punkt; 0,5 Punkte Berechnung; Erklärung 0,5 Punkte; insgesamt 2 Punkte

c) $f'(x) = -36,751$

$-36,751 = -\frac{3}{10000}x^2 - \frac{1}{1000}$

$-36,75 = -\frac{3}{10000}x^2$

$122500 = x^2$

$x = 350$

In einer Flughöhe von 35 Kilometern nimmt der Luftdruck um 36,751 hpa pro 100 Meter ab.

Ansatz 1 Punkt, Berechnung 0,5 Punkte; insgesamt 1,5 Punkte

Lösungen: Abschlussarbeit 1

Schwerpunkt: Terme und Funktionen

Aufgabe 1

a)

1) $p^{\frac{3}{2}}q^{\frac{13}{2}}$

2) $4a^{-3z+1}$

3) $3x^{-2}y^{\frac{8}{3}} - x^{-2}\cdot y^{\frac{8}{3}} = 2y^{\frac{8}{3}}x^{-2}$

1,5 Punkte je Teilaufgabe; insgesamt 4,5 Punkte

b)

1) $\log_a 10x^2 - \log_a 16x^4 = \log_a \frac{5}{8x^2}$

2) $\frac{\log_{10} 9c^2}{2} + \log_c \frac{10}{9a} + \log_c(3)\cdot 3$

$= \log_{10} 3c + \log_c \frac{10}{9a} + \log_c 27$

$= \log_{10} 3c + \log_c \frac{30}{a}$

1,5 Punkte je Teilaufgabe; insgesamt 3 Punkte

c)

1) $\log_2(a^2) = 6$

$a^2 = 2^6$

$a^2 = 64$

$a = \pm 8$

1 Punkt für Vereinfachung, 1 Punkt für Berechnung; insgesamt 2 Punkte

Aufgabe 2

a) $f(x) = -2x^2 - 4x = -2(x^2+2x) = -2(x^2+2x+1-1) = -2(x+1)^2 + 2$

1,5 Punkte für Umformung

$g(x) = 0,25(x^2-4x+4) - 2 = 0,25x^2 - x - 1$

1 Punkt für Umformung

b)

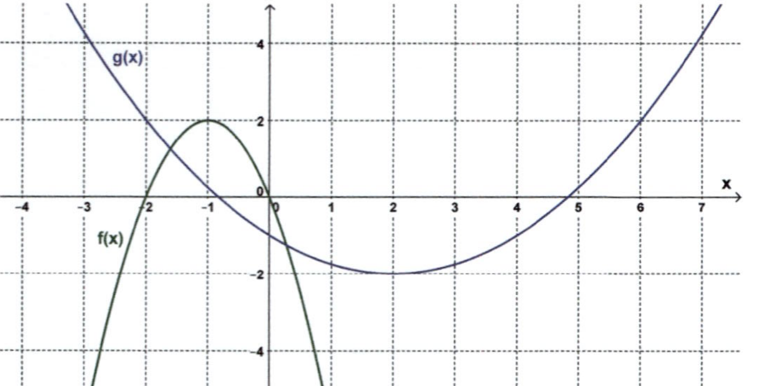

2,5 Punkte für Koordinatensystem mit beiden Graphen

c) x-Koordinaten der Schnittpunkte durch Gleichsetzen bestimmen:

$f(x) = g(x)$

$-2x^2 - 4x = 0{,}25x^2 - x - 1$

$-2{,}25x^2 - 3x + 1 = 0$

$x^2 + \frac{4}{3}x - \frac{4}{9} = 0$

$x_{1,2} = -\frac{2}{3} \pm \sqrt{\frac{4}{9} + \frac{4}{9}}$

$x_1 = -1{,}61 \quad x_2 = 0{,}28$

0,5 Punkt Ansatz; 1,5 Punkte Berechnung; insgesamt 2 Punkte

x-Werte in Funktionsgleichung einsetzen:

$f(x_1) = -2 \cdot (-1{,}61)^2 - 4 \cdot (-1{,}61) = 1{,}26$

$f(x_2) = -2 \cdot 0{,}28^2 - 4 \cdot 0{,}28 = -1{,}28$

Schnittpunkte: $S_1(-1{,}61 \mid 1{,}26)$ und $S_2(0{,}28 \mid -1{,}28)$

1 Punkt für die Schnittpunkte

d) Geradengleichung allgemein: $y = mx + b$

Schnittpunkte einsetzen: $\left| \begin{array}{l} 1{,}26 = m \cdot (-1{,}61) + b \\ -1{,}28 = m \cdot 0{,}28 + b \end{array} \right|$

Lösen mit Einsetzungsverfahren: $b = 1{,}26 + 1{,}61m$

$-1{,}28 = m \cdot 0{,}28 + 1{,}26 + 1{,}61m$

$-2{,}54 = 1{,}89m$

$m = \frac{-2{,}54}{1{,}89} = -1{,}34$

$b = 1{,}26 + 1{,}61 \cdot (-1{,}34) = -0{,}90$

Schnittgerade: $y_s = -1{,}34x - 0{,}9$

Ansatz 1 Punkt; Berechnung 1,5 Punkte; insgesamt 2,5 Punkte

e) Anzahl der Schnittpunkte hängt vom Ausdruck unter der Wurzel ab (s. c)).

Ansatz 1 Punkt

Zuvor Schnittpunktberechnung anpassen:

$-2x^2 - 4x + \mathbf{d} = 0{,}25x^2 - x - 1$

$\vdots$

$x_{1,2} = \frac{2}{3} \pm \sqrt{\frac{4}{9} - \left(\frac{d+1}{-2{,}25}\right)}$

Anpassung und Gleichung 1 Punkt

Kein Schnittpunkt, wenn: $\frac{4}{9} - \left(\frac{d+1}{-2{,}25}\right) < 0 \qquad \frac{4}{9} < \frac{d+1}{-2{,}25} \qquad d < -2$

Ein Schnittpunkt, wenn: $\frac{4}{9} = \left(\frac{d+1}{-2{,}25}\right) \qquad \frac{4}{9} \cdot (-2{,}25) - 1 = d \qquad d = -2$

0,5 Punkte je Fall;
insgesamt 3 Punkte

Aufgabe 3

a) Exponentialfunktion, exponentielle Abnahme/Zerfall

allgemein: $f(x) = b \cdot a^x$ oder $f(x) = b \cdot a^x + c$

Eigenschaft: verläuft asymptotisch gegen einen Grenzwert

0,5 Punkte für Art, 0,5 Punkte für allgemeine Form, 0,5 Punkte für Eigenschaft; insgesamt 1,5 Punkte

b) $h(t=1) = 120 \cdot 0{,}84^1 + 60 = 160{,}8\text{m}$

$h(t=5) = 120 \cdot 0{,}84^5 + 60 = 110{,}2\text{m}$

$h(t=15) = 120 \cdot 0{,}84^{15} + 60 = 68{,}8\text{m}$

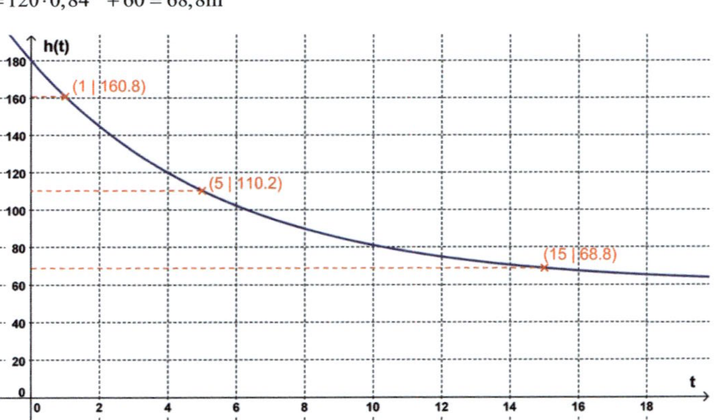

0,5 Punkte je Füllhöhe; 1,5 Punkte für passende Skizze; insgesamt 3 Punkte

c) $80 = 120 \cdot 0,84^t + 60$

$20 = 120 \cdot 0,84^t$

$\frac{1}{6} = 0,84^t \quad t = \log_{0,84} \frac{1}{6} = 10,28$

Nach etwas mehr als 10 Jahren wird der Füllstand nur noch bei 80 Metern liegen.

0,5 Punkte Ansatz; 1 Punkt Berechnung; insgesamt 1,5 Punkte

d) Erstellen einer neuen Funktionsgleichung: $h^*(t) = b \cdot a^t + c$

Abnahme a bleibt gleich, Grenzwert soll 48 Metern betragen; konstanter Term (bisher $c = 60$) der Gleichung ist der Grenzwert

$h^*(t) = b \cdot 0,84^t + 48$

Durch den neuen Wert für c ändert sich auch der Startwert. Daher muss b angepasst werden.

alter Startwert: $h(t=0) = 120 \cdot 0,84^t + 60 = 180 \quad \rightarrow \quad h^*(0) = 180$

$h^*(t=0) = 180 = b \cdot 0,84^0 + 48 \quad \rightarrow \quad b = 132$

$h^*(t) = 132 \cdot 0,84^t + 48 \cdot$

0,5 Punkte Ansatz; 1 Punkt Berechnung; insgesamt 1,5 Punkte

e) nach 15 Jahren niedrigster Füllstand → Scheitelpunkt der Parabel

Ursprünglicher Wert nach 15 Jahren (s. b)): $h(t=15) = 68,8$

Daraus folgt: $c = 68,8$ und $b = 15$ $\quad h_p(t) = a(t-15)^2 + 68,8$

a wird über den Startwert bestimmt; soll gleich bleiben mit $h_P(t=0) = 180$

$180 = a(0-15)^2 + 68,8$

$111,2 = 225a \quad \rightarrow \quad a = 0,49$

$h_p(t) = 0,49(t-15)^2 + 68,8$

1,5 Punkte Ansatz; 1 Punkt Berechnung; insgesamt 2,5 Punkte

Aufgabe 4

a) $s(t) = a \cdot \sin(\omega(t - t_0)) + d$

- Auslenkung $a = 15$
- symmetrische Schwingung um die Mittelachse, daher $d = 0$
- Schwingung von rechts nach links entspricht halber Periode und dauert 1 Sekunde; ganze Periodendauer also 2 Sekunden: $\omega = \frac{2\pi}{T} = \frac{2\pi}{2} = \pi$
- Auslenkung anfangs nach rechts entspricht $t_0 = -0,5$ (Verschiebung der Sinuskurve nach links in x-Richtung)

$s(t) = 15 \cdot \sin(\pi \cdot (t - (-0,5))) + 0 = 15\sin(\pi(t+0,5))$

auch möglich als Kosinusfunktion: $s(t) = 15\cos(\pi t)$

2,5 Punkte für diese Teilaufgabe

b) Tag hat: $24 \cdot 60 \cdot 60 = 86400$ Sekunden.

Start am rechten Auslenkpunkt, Dauer beträgt 2 Sekunden bis zum nächsten Mal (gemäß Periodenlänge):

$\frac{86400\ \text{s}}{T} = \frac{86400\ \text{s}}{2\ \text{s}} = 43200$ Mal *(auch möglich: plus Ausgangsposition, also 43201 Mal)*

1 Punkt

c)

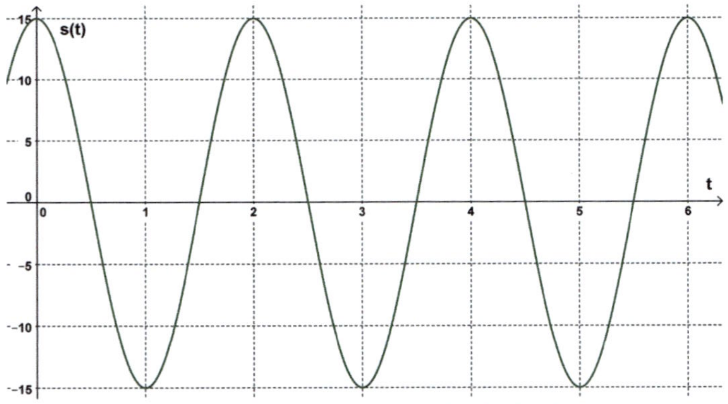

2 Punkte für Graph

d) $s(t) = -10 = 15\sin(\pi(t+0,5))$

Direktes Freistellen der Gleichung nach t nur bedingt möglich. Allgemein zunächst Vorgang verdeutlichen:

Start rechts von der Mittelachse (im Einheitskreis also bereits „oben"), dann 0,5 Sekunden schwingen bis zur Mittelachse (im Einheitskreis „links") und bevor das Pendel ganz links von der Mittelachse ist (im Einheitskreis „unten"), wird es erstmals 10 cm nach links ausgelenkt sein. Die zurückgelegte Zeit liegt also zwischen 0,5 Sekunden und 1 Sekunde.

Bestimme mit Sinusberechnung, wann das Pendel 10 cm links von der Mittelachse ist:

$\arcsin\left(\left|\frac{-10}{15}\right|\right) = 0,73$ (in Bogenmaß)

Über die Periodendauer die Zeit t^* berechnen, die nach Erreichen der Mittelachse noch vergeht:

$\frac{0,73}{ð} = \frac{t^*}{T} \quad \rightarrow \quad t^* = \frac{0,73}{2ð} \cdot 2 = 0,23$

Gesamtzeit: $t_{10\ \text{cm links},1} = 0,5\text{s} + 0,23\ \text{s} = 0,73\ \text{s}$

1 Punkt Ansatz; Berechnung 1 Punkt (ausführliche Erklärung wie oben nicht nötig); insgesamt 2 Punkte

Auf dem „Rückweg" von links nach rechts befindet sich das Pendel zum zweiten Mal am Durchgangspunkt 10 cm links von der Mittelachse.

Die Zeit vom ersten Durchgang bis zur maximalen Links-Auslenkung beträgt:

$1\ \text{s} - 0,73\ \text{s} = 0,27\ \text{s}$

Dieselbe Zeit wird auch wieder zurück benötigt, also von ganz links bis zum nächsten Durchgang. Folglich findet der zweite Durchgang statt nach:

$t_{10\ \text{cm links},2} = 1\ \text{s} + 0,27\ \text{s} = 1,27\ \text{s}$

1 Punkt für Berechnung des zweiten Zeitpunkts

e) Die periodische Schwingungsfunktion $s(t)$ bleibt unverändert von der Dämpfung, die nur Dämpfungsfunktion $d(t)$ verringert den Koeffizienten von 15 auf 1 innerhalb von 3 Tagen.

$3\ \text{Tage} = 3 \cdot 86400\ \text{s} = 259200\ \text{s}$

$s^*(t = 259200) = 1 = \frac{1}{15} \cdot 15 \sin(\ldots)$

$d(t)$ muss $\frac{1}{15}$ betragen

$d(t = 259200) = \frac{1}{15} = b^{0,0001 \cdot 259200}$

$b = \sqrt[25,92]{\frac{1}{15}} = 0,901$

→ $d(t) = 0,901^{0,0001 \cdot t}$

1 Punkt Ansatz; 1 Punkt Berechnung; insgesamt 2 Punkte

f) Die Dämpfung verläuft mit einer (sehr schwachen) exponentiellen Abnahme. Mit jeder Schwingung nimmt die maximale Auslenkung ein wenig ab. Dadurch ergibt sich eine weitere Funktionsart, die man im Funktionsgraphen erkennen kann: eine exponentielle Abnahme der maximalen Auslenken als eine Art „Hüllkurve".

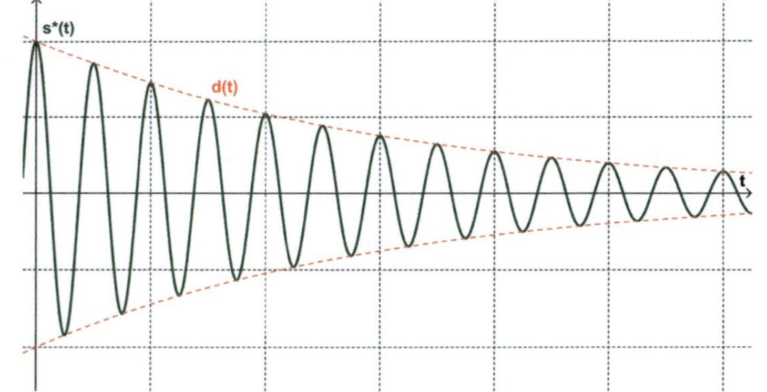

1,5 Punkte für Skizze von s*(t) mit Erklärung oder Hüllkurve d(t)

Lösungen: Abschlussarbeit 2

Schwerpunkt: Funktionsuntersuchung

Aufgabe 1

a)

1) $f'(x) = 2 - 1,2x^3 + \frac{3}{2}x^2$

1 Punkt für 1)

2) Umformen: $f(x) = 3 + x^{-3} + 3x^{-1} - 4x^2$

$f'(x) = -3x^{-4} - 3x^{-2} - 8x$

3) Umformen: $f(x) = \frac{5}{3}x^{-1} - x^{-\frac{1}{2}} + x^{\frac{2}{3}} + \frac{1}{2}x^{\frac{1}{2}}$

$f'(x) = -\frac{5}{3}x^{-2} + \frac{1}{2}x^{-\frac{3}{2}} + \frac{2}{3}x^{-\frac{1}{3}} + \frac{1}{4}x^{-\frac{1}{2}}$

je 1,5 Punkte für 2) und 3); insgesamt 3 Punkte für 2) und 3)

b)

1) $0 = 2x \cdot (x-3)^2$

jeden Faktor einzeln betrachten: $0 = 2x \rightarrow x_1 = 0$

$0 = (x-3)^2 \rightarrow x_2 = 3$

0,5 Punkte je Nullstelle; insgesamt 1,5 Punkte

2) $0 = x^3 + 3x^2 - 25x + 21$

erste Nullstelle schätzen: für $x = 1$: $1^3 + 3 \cdot 1^2 - 25 \cdot 1 + 21 = 0$

→ $\mathbf{x_1 = 1}$

Polynomdivision: $(x^3 + 3x^2 - 25x + 21) : (x-1) = x^2 + 4x - 21$

pq-Formel: $0 = x^2 + 4x - 21$ $\quad x_{2,3} = -2 \pm \sqrt{4+21}$

→ $\mathbf{x_2 = 3}$ $\quad \mathbf{x_3 = -7}$

0,5 Punkte je Nullstelle, 1 Punkt für Polynomdivision; insgesamt 2,5 Punkte

3) $0 = x^4 - 20x^2 + 64$

Substitution: $x^2 = z$ → $0 = z^2 - 20z + 64$ | pq-Formel

$z_{1,2} = 10 \pm \sqrt{100-64}$

$z_1 = 16 \qquad z_2 = 4$

Resubstitution: $x_{1,2} = \pm\sqrt{z_1} = \pm\sqrt{16} = \pm 4$

$x_{3,4} = \pm\sqrt{z_2} = \pm\sqrt{4} = \pm 2$

→ $\mathbf{x_1 = 4} \qquad \mathbf{x_2 = -4}$

$\mathbf{x_3 = 2} \qquad \mathbf{x_4 = -2}$

1,5 Punkte für Substitution, 0,5 Punkte je Nullstellen-„Paar" ($x_{1/2}$ oder $x_{3/4}$); insgesamt 2,5 Punkte

Aufgabe 2

a) $b(t=2) = \frac{1}{30} \cdot 2^3 - 0,7 \cdot 2^2 + 4,9 \cdot 2 + 27 \approx 34,3$

$b(t=12) = \frac{1}{30} \cdot 12^3 - 0,7 \cdot 12^2 + 4,9 \cdot 12 + 27 = 42,6$

In 2 Jahren werden 34,3 Millionen Menschen in dem Land leben, in 12 Jahren sogar 42,6 Millionen.

1 Punkt je Rechnung; insgesamt 2 Punkte

b) Der mittlere Bevölkerungszuwachs entspricht der Sekantensteigung:

$m_s = \frac{f(12) - f(2)}{12 - 2} = \frac{42,6 - 34,3}{10} = 0,83$

Die mittlere Zuwachsrate wird 830.000 Menschen betragen.

1,5 Punkte für Berechnung

c) Ableitung bestimmen für momentanen Bevölkerungszuwachs:

$b'(t) = \frac{1}{10} t^2 - 1,4t + 4,9$

Zuwachs im zweiten Jahr bestimmen:

$b'(t=2) = \frac{1}{10} \cdot 2^2 - 1,4 \cdot 2 + 4,9 = 2,5$

1 Punkt für Ableitung; 0,5 Punkte Rechnung; insgesamt 1,5 Punkte

d) Bevölkerungswachstum kleiner als bzw. genau 400.000: $b(t) \le 0,4$

$0,4 \ge \frac{1}{10} t^2 - 1,4t + 4,9$

$0 \ge \frac{1}{10} t^2 - 1,4t + 4,5$

Die Gleichung entspricht der Nullstellenbestimmung einer (nach oben geöffneten) Parabel. Alle Werte zwischen den Nullstellen weisen einen maximalen Zuwachs von 0,4 Millionen auf.

$0 = \frac{1}{10} t^2 - 1,4t + 4,5$

$0 = t^2 - 14t + 45$ |pq-Formel

$t_{1,2} = 7 \pm \sqrt{49-45}$ → $t_1 = 9$ und $t_2 = 5$

Zwischen dem 5. und 9. Jahr beträgt das Wachstum maximal 400.000 Menschen im Jahr.

1 Punkt Ansatz; 1 Punkt Rechnung; insgesamt 2 Punkte

e) $b'(t=7) = \frac{1}{10} \cdot 7^2 - 1,4 \cdot 7 + 4,9 = 0$

Der momentane Zuwachs im 7. Jahr beträgt null. Die Bevölkerungszahl bleibt somit unverändert.

1 Punkt für Berechnung und Erklärung

f) In der Funktionsgleichung gibt der hinterste Term die aktuelle Bevölkerungszahl an:

$b(t) = \frac{1}{30} t^3 - 0,7t^2 + 4,9t + 27$ denn $b(0) = \frac{1}{30} \cdot 0^3 - 0,7 \cdot 0^2 + 4,9 \cdot 0 + 27 = 27$

Da der konstante Term beim Ableiten wegfällt und somit keinen Einfluss auf Änderungsraten hat, ist der Bevölkerungszuwachs unabhängig von der gegenwärtigen Bevölkerungszahl. Also auch bei einer Bevölkerung von 40 Millionen Menschen heute, würde man z. B. in c) dasselbe Ergebnis erhalten.

1,5 Punkte für Erklärung

Aufgabe 3

a) $h_{R1}(x) = 2 \cdot \sin\left(x + \frac{3}{4}\pi\right) + 3$

$h_{R2}(x) = 2 \cdot \sin\left(x - \frac{1}{2}\pi\right) - 3$

1 Punkt je Funktion; insgesamt 2 Punkte

b)

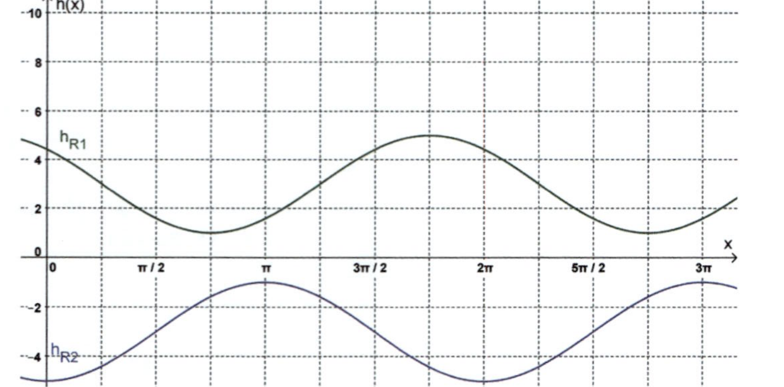

1 Punkt je Graph; insgesamt 2 Punkte

c) Geringster Abstand: liegt graphisch etwa zwischen einer Drehung von $\frac{3}{4}\pi$ und 1π;

Überlegungen an der Graphik lassen vermuten, dass der Wert genau dazwischen liegt: $\frac{\frac{3}{4}\pi+\pi}{2}=\frac{7}{8}\pi$

Wert ausrechnen: $h_{R1}\left(\frac{7}{8}\pi\right)=2\cdot\sin\left(\frac{7}{8}\pi+\frac{3}{4}\pi\right)+3=1{,}15$

$h_{R2}\left(\frac{7}{8}\pi\right)=2\cdot\sin\left(\frac{7}{8}\pi-\frac{1}{2}\pi\right)-3=-1{,}15$

Abstand: $h_{u,min}=1{,}15-(-1{,}15)=2{,}3$

1 Punkt für Ansatz und Abschätzung, 1 Punkt für berechnete Werte und Abstand; insgesamt 2 Punkte

Größter Abstand: liegt graphisch etwa zwischen $\frac{7}{4}\pi$ und 2π; naheliegend genau eine halbe Drehung (1π) weiter als geringster Abstand: $\frac{15}{8}\pi$

Wert ausrechnen: $h_{R1}\left(\frac{15}{8}\pi\right)=2\cdot\sin\left(\frac{15}{8}\pi+\frac{3}{4}\pi\right)+3=4{,}85$

$h_{R2}\left(\frac{15}{8}\pi\right)=2\cdot\sin\left(\frac{15}{8}\pi-\frac{1}{2}\pi\right)-3=-4{,}85$

Abstand: $h_{u,max}=4{,}85-(-4{,}85)=9{,}7$

0,5 Punkt für gleiche Überlegung wie oben, 1 Punkt für berechnete Werte und Abstand; 1,5 Punkte

d) $h_u(x)=h_{R1}(x)-h_{R2}(x)=2\cdot\sin\left(x+\frac{3}{4}\pi\right)+3-\left(2\cdot\sin\left(x-\frac{1}{2}\pi\right)-3\right)$

$h_u(x)=2\cdot\left(\sin\left(x+\frac{3}{4}\pi\right)-\sin\left(x-\frac{1}{2}\pi\right)\right)+6$

1 Punkt

e)

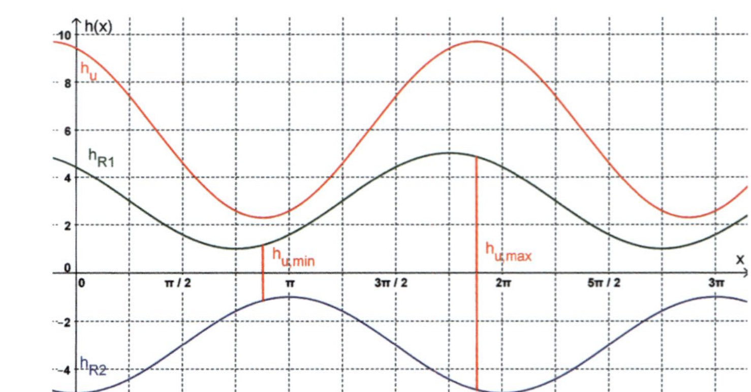

1,5 Punkte für Skizze des weiteren Graphs

$s(x)=a\cdot\sin(b(x-c))+d$

$a=\frac{h_{u,max}-h_{u,min}}{2}=\frac{9{,}7-2{,}3}{2}=3{,}7$

$d=h_{u,min}+a=2{,}3+3{,}7=6$

$b=1$

$c=-\frac{5}{8}\pi$ (Der Tiefpunkt soll bei $\frac{7}{8}\pi$ liegen, die normale Sinus-Funktion hat Tiefpunkt bei $\frac{12}{8}\pi$, daher Verschiebung um $\frac{5}{8}\pi$ nach links)

$s(x)=3{,}7\cdot\sin\left(x+\frac{5}{8}\pi\right)+6$

0,5 Punkte je Parameter (a, b, c, d); insgesamt 2 Punkte

Aufgabe 4

a) Grenzverhalten: für $x\to-\infty$ verläuft $f(x)\to+\infty$

für $x\to+\infty$ verläuft $f(x)\to+\infty$

maximal 4 Nullstellen, maximal 3 Hoch-/Tiefpunkte, nicht achsensymmetrisch, nicht punktsymmetrisch, y-Achsenabschnitt: $f(x=0)=0$

1 Punkt für Eigenschaften

1) Entfernen des Terms $-0{,}5x^3$ → nur noch gerade Exponenten

2) Hinzufügen eines Terms fünften Gerades → höherer Grad erhöht mögl. Nullstellen

0,5 Punkte je Antwort; insgesamt 1 Punkt

b) $0 = 0{,}2x^4 - 0{,}5x^3 - 2x^2$ | x^2 ausklammern

$0 = (0{,}2x^2 - 0{,}5x - 2) \cdot x^2$ | Faktoren einzeln betrachten

$0 = x^2 \rightarrow \mathbf{x_1} = 0$

$0 = 0{,}2x^2 - 0{,}5x - 2$

$0 = x^2 - 2{,}5x - 10$ | pq-Formel

$x_{2,3} = \frac{5}{4} \pm \sqrt{\frac{25}{16} + 10} \rightarrow \mathbf{x_2} = 4{,}65 \quad \mathbf{x_3} = -2{,}15$

1 Punkt für Ausklammern und erste Nullstelle, 1 Punkt für pq-Formel und weitere Nullstellen; insgesamt 2 Punkte

c) Die Funktion weist eine Nullstelle im Ursprung auf. Nullstelle kommt doppelt vor (wegen $0 = x^2$), es handelt sich also um eine Nullstelle und gleichzeitig um eine Extremstelle.

1 Punkt für Erklärung

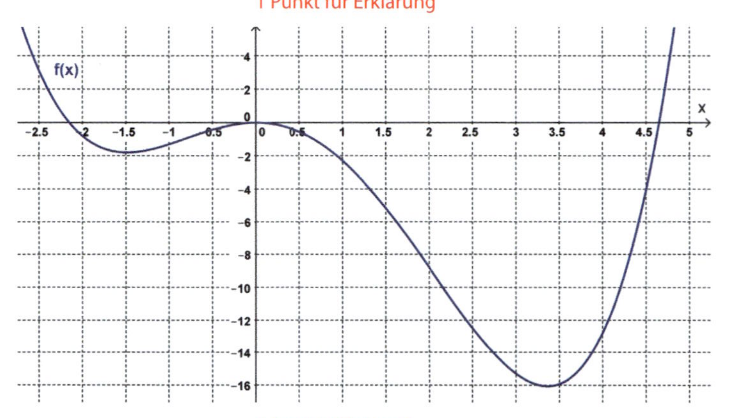

2 Punkte für Graph

d) von links: Die Steigung der Funktion ist zunächst stark negativ. Vor dem ersten Tiefpunkt wird die negative Steigung geringer bis sie im Tiefpunkt genau null beträgt und keine Steigung vorliegt. Hier wechselt die Richtung der Steigung und wird positiv. Die positive Steigung nimmt zunächst zu und wird dann wieder geringer bis sie am Hochpunkt (doppelte Nullstelle im Ursprung) wieder null beträgt und danach negativ wird. Die Funktion fällt immer steiler bis zu einer maximalen negativen Steigung, dann wird sie wieder flacher. Im Tiefpunkt wechselt die negative Steigung zu Null und dann zur positiven Steigung, die immer weiter zunimmt.

2 Punkte für Beschreibung

e) Ableitung: $f' = 0{,}8x^3 - 1{,}5x^2 - 4x$

Nullstellen (N): $0 = 0{,}8x^3 - 1{,}5x^2 - 4x$ | x Ausklammern

$0 = (0{,}8x^2 - 1{,}5x - 4) \cdot x$ | Faktoren einzeln betrachten

$\rightarrow \mathbf{x_{N1}} = 0$

$0 = 0{,}8x^2 - 1{,}5x - 4$

$0 = x^2 - \frac{15}{8}x - 5$ | pq-Formel

$x_{N2,3} = \frac{15}{16} \pm \sqrt{\left(\frac{15}{16}\right)^2 + 5}$

$\rightarrow \mathbf{x_{N2}} = 3{,}36 \quad \mathbf{x_{N3}} = -1{,}48$

1 Punkt für Ausklammern und erste Nullstelle, 1 Punkt für pq-Formel und weitere Nullstellen; insgesamt 2 Punkte